我解讀相機、研究數據
　　　　費盡一切努力
然後，學會相信自己的直覺

我是在攝影中尋找樂趣的 - 揚比比 -

照片拍壞，才要後製？ 在這個連手機拍照都要「美肌」一下的年代，花費大把精力拍攝回來的照片肯定需要後製。更由於相機無法像人眼能自動平衡明暗反差、展現出細膩的畫面，所以得透過「後製」來還原「真實環境中的光線」、重現「照片色調」，順利打開攝影程序中最後的這把鎖。

後製軟體決定照片的品質。 裝備絕對是攝影環節中一筆不小的開支，在我們斤斤計較不同鏡頭間畫質的差異時，更要考慮後製軟體的輸出品質。佔有攝影後製市場絕對優勢的 Adobe Photoshop 系統，是專業攝影人信賴與使用的工具，其中的 Camera Raw 更是 Adobe 專為攝影打造的後製工具。

Adobe Camera RAW。楊比比在 Camera Raw 中下足了功夫，提供一套完整的修片程序，並研發獨家（真的是獨家喔）的曝光控制程序與色調處理程序；搭配精心設計的範例，陪著攝影人一同掌握攝影後製必備的修片技巧。

下載
書本範例

地球人都知道，這幾年氣候異常，是我們該投入些關懷與心力的時候了，所以這本書，所有的範例檔案，請同學到「楊比比 Photoshop 線上學習網」下載，連結網址如下：

https://yangbibi375.com/booklist/

單響「書籍封面」就可以看到「範例下載」

Camera Raw 攝影編修．後製修片技巧
獨家揭秘

二月 27, 2018

楊比比其實很怕攝影人一進入Photoshop，並緊抓著「選取工具」、「魔術棒工具」、「色版」...不放。所以特別將這兩年教學過程中碰到的後製問題都放入書中，引導攝影人完美避開這些程序，不用步步踩雷。

read more

歡迎加入 楊比比 線上學習網

楊比比 Photoshop 線上學習網：yangbibi375.com

楊比比 Facebook 社群：www.facebook.com/photoshopyangbibi

作者
楊 比比

感謝 協同攝影師

莊 祐嘉

古 卉妘

江 淑玫

感謝 此次旅程中協助楊比比的　　　朱鴻忠 大哥
　　　　　　　　　　　　　　　　　小鍾 哥

01
Chapter
環境界面 檢視工具

01
Chapter
環境界面 檢視工具

02
Chapter
鏡頭校正與裁切

02
Chapter
鏡頭校正與裁切

03
Chapter
影像曝光與立體感

03
Chapter
影像曝光與立體感

04
Chapter
超質感　影像色調

04

Chapter

超質感　影像色調

05

Chapter

美化與局部修飾

05
Chapter
美化與局部修飾

06
Chapter
合併與同步化處理

06
Chapter

合併與同步化處理

01 環境界面 檢視工具

2017/10/15, 11:00am Nikon D610
麗江市 長江第一灣 / 海拔 1850m
1/500 秒 f/11 ISO 160
Photo by 楊 比比

三款
攝影計劃

自從 Adobe 結束 CS 系列，改「月租」軟體，讓很多荷包被器材掏空的攝影師，能以分期的方式，有名有分的使用起 Lightroom 與 Photoshop 這兩套後製界天王級的軟體，現在就來看看，Adobe 提供給攝影人的「三款計劃」。

Adobe CC 攝影計劃

	攝影計劃	攝影計劃 / 1TB	Lightroom CC 計劃
Photoshop CC	○	○	
Lightroom Classic CC	○	○	
Lightroom CC	○	○	○
Bridge CC	○	○	
Camera RAW	○	○	
雲端空間	20GB	1TB	1TB
售價（台幣）/ 每月	320	640	320

資料更新日期：2018.01.17

攝影計劃是使用什麼方式啟動軟體？

依據申請計劃時所使用的帳號（與密碼），正常來說，付費後可以立即使用。

一個帳號能使用幾台電腦？

兩台。正常情況是，可以同時在一台桌機、一台筆記型電腦上開啟軟體。
大家應該都聽懂了：兩台電腦同時使用，至於是哪兩台，同學就自己分配囉！

Lightroom CC 計畫是什麼？

Lightroom CC 是一套配合行動裝置與雲端作業的全新軟體，同學們印象中的 Lightroom 已經更改名稱為 Lightroom Classic CC。

安裝
Adobe CC 系列軟體

Adobe 旗下的軟體，完全整合在 Adobe Creative Cloud 中，必須先安裝 Adobe Creative Cloud 這套桌面應用程式，才能順利安裝攝影計劃中所需要的 Photoshop 與 Lightroom 等相關工具軟體。

Adobe CC 安裝程序

先安裝
Adobe Creative Cloud

Bridge CC
Camera Raw CC
Photoshop CC
Lightroom Classic CC

開啟 Adobe Creative Cloud 之後，請先安裝 Bridge CC，這是 Adobe 的檔案總管，安裝完畢後，再安裝其他軟體。

如果購買的方案中支援 Lightroom CC 也可以試著安裝；目前的 Lightroom CC 功能有點陽春，玩玩還是可以的。

解除安裝 Adobe Creative Cloud

「付了月租費，軟體還是試用版？」「Photoshop 顯示最新版本，卻沒有新版的功能？」碰到這些問題，請先下載「解除安裝 Adobe Creative Cloud」程式，移除 Creative Cloud 後，再重新安裝 Creative Cloud，無法正常更新的問題多數都可以排除。（搜尋關鍵字：解除安裝 Adobe Creative Cloud）。

我們
需要這三套軟體

楊比比知道同學想趕快開工，動手修幾張照片，但軟體得先準備好，槍口一致，才好對外作戰（哈哈）。大家想想，如果我們使用的版本差異太大，書裡面的功能，同學都對不上號，那就麻煩了。先看版本吧！

 Adobe Bridge CC（8.0.1.262 x64）

 Adobe Camera Raw CC（10.1.0.864）

 Adobe Photoshop CC（19.0）

從哪裡檢查版本呢？

Adobe 算是一根筋的軟體，不論是哪一套工具軟體，版本編號都放置在功能表「說明」選單內。同學可以試著開啟 Adobe Brdige，單響（左鍵點一下）功能表「說明 - 關於 Bridge...」就能知道目前使用的版本編號。

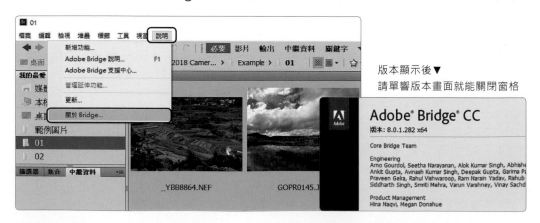

版本顯示後▼
請單響版本畫面就能關閉窗格

使用相同的
Bridge 環境界面

軟體準備好了之後，請同學開啟 Adobe Bridge CC，並依據下列方式，設定 Bridge CC 的工作界面。沒有使用過 Bridge CC 的同學不用擔心，只要跟著楊比比標示的「1、2、3...」調整就可以了，很簡單的！

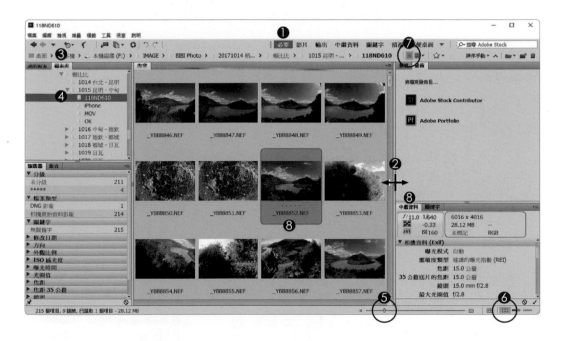

1. 指定工作界面「必要」

    如果界面不同，請執行功能表「視窗 - 工作區 - 重設工作區」指令

2. 將指標移動到面板分界上，適度拖曳調整面板顯示範圍

3. 單響（左鍵點一下）「檔案夾」面板

4. 找到電腦內照片所在的檔案夾

5. 拖曳下方滑桿調整「縮圖」大小

6. 指定檔案夾縮圖模式為「檢視縮圖內容」

7. 使用「低解析度」的「快速瀏覽」方式檢視縮圖（能節省縮圖運算的時間）

8. 單響「縮圖」，可以在「中繼資料」面板中看到拍攝資訊

Bridge CC
檢視圖片與影片

適用版本　Adobe Bridge CC
參考範例　Example\01 檔案夾

Adobe Bridge CC 是 Adobe 旗下所有軟體的大管家，包山包海，什麼都管，不論是圖片格式，還是影片格式，都可以直接觀看。

學習重點

1. 切換 Adobe Bridge CC 的環境界面。
2. 檢視範例檔案夾中的影片（*.mov）。
3. 按「空白鍵（Space）」切換全螢幕檢視檔案夾中的照片。

A> 將常用檔案夾放入最愛

1. 工作區為「必要」
2. 單響「檔案夾」面板
3. 找到下載的範例檔案夾
4. 名稱上單響右鍵
　　執行「增加到我的最愛」
5. 單響「我的最愛」面板
6. 顯示增加的檔案夾捷徑

下載範例檔案

這本書就讓我們一起愛地球，好好的環保一把吧！請同學翻到這本書第二頁，就能找到下載範例檔案的網址，謝謝大家。

B> 變更面板顯示位置

1. 面板標題空白處
   單響「右鍵」
2. 單響「中繼資料面板」
3. 中繼資料面板
   就能開啟在指定位置

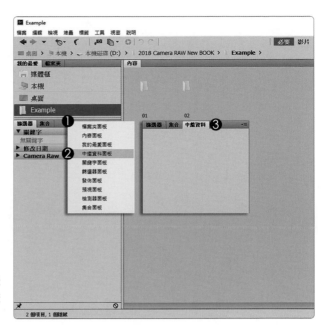

中繼資料面板一定要放在左邊嗎？

放右邊也可以啦！只是書上的圖多數顯示
「左半部」，所以把面板拉到左邊來，比較
方便跟同學們討論啦！（感謝配合）

C> 顯示照片拍攝資訊

1. 我的最愛面板
2. 單響「Example」檔案夾
3. 雙響開啟「01」檔案夾
4. 單響「Pic002.NEF」
5. 中繼資料面板中
6. 展開「相機資料」
   便能看到照片的拍攝資訊

相機拍攝資訊 EXIF

Adobe Bridge 對於 EXIF 的支援度還是少
了一些，透過原廠軟體可以得到的拍攝資
訊，Bridge 都沒有顯示出來，還要加油呀！

D> 工作區：影片

1. 單響「影片」工作區
2. 內容面板被移動到下面
3. 拖曳控制線調整面板高度
4. 拖曳滑桿控制縮圖大小
5. 單響 Pic001.MOV
6. 預視面板中
   單響「播放」按鈕

Bridge 工作區

同學可以試著到功能表「視窗 - 工作區」選
單中變更工作區，或是「重設」工作區位置。

E> 全螢幕顯示照片

1. 單響「必要」工作區
2. 單響 Pic002.NEF 縮圖
3. 按下「空白鍵（Space）」
   以全螢幕方式顯示照片

全螢幕狀態下常用的功能鍵

空白鍵：進入 / 離開全螢幕模式

Ctrl - Del：刪除目前觀看的照片

上下左右方向鍵：控制上一張、下一張

F> 評定等級

1. 全螢幕顯示照片的狀態下
2. 按下數字「5」
   左下角標示「五顆星」
   按下「空白鍵」
   返回縮圖檢視狀態

星級標示

全螢幕檢視下，同學可以按下「1」到「5」任何一個數字，藉以評定對於照片喜愛的程度。但楊比比覺得1到5似乎分的太細，所以「喜歡」就是「5」，不喜歡就不按任何數字，簡單明確，同學可以試試。

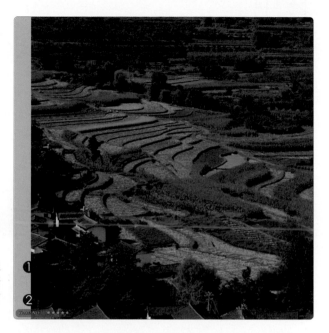

G> 檢視星級評定

1. 工作區「必要」
2. Pic002下方顯示五顆星
3. 試著將指標移動到
   標示的最前方
   單響禁止標示
   就能取消星級評定

星級評定之後能做什麼？

好問題！星級評定有助我們在茫茫圖片的大海中，撈出我們最喜愛的照片，想知道怎麼做嗎？麻煩大家翻頁，再堅持一下。

找出
那些最愛的照片

最近好多朋友去冰島拍攝極光,十幾天下來,拍攝的照片超過 1TB (都是極光縮時)。同學想想這麼多照片,要修哪一張?或是說要抓哪幾張出來調整?當然要透過篩選囉!現在請同學使用自己的照片,試試 Bridge CC 篩選器。

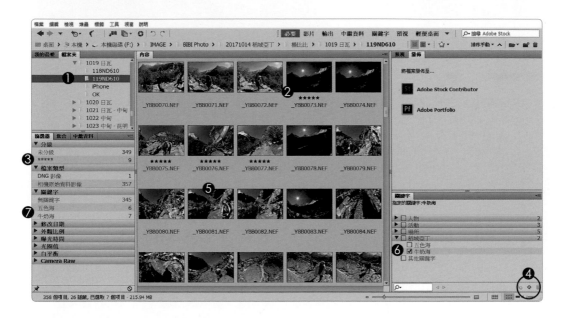

圖片篩選程序 (請找一個自己的檔案夾進行練習)

1. 檔案夾中找到自己放置照片的檔案夾,單響「內容」面板中的縮圖

2. 按「空白鍵」進入全螢幕模式,輸入數字「1」到「5」建立星級評選
   看過一輪後,再次按「空白鍵」返回縮圖模式

3. 篩選器面板中單響「*****」,內容區則會顯示所有標示 5 顆星的照片
   再次單響「*****」就能取消篩選

4. 關鍵字面板中單響「+」按鈕,輸入關鍵字

5. 按著 Ctrl 鍵選取與關鍵字有關的縮圖檔案

6. 關鍵字面板中,勾選與照片對應的「關鍵字」

7. 照片就可以在「篩選器」面板中以關鍵字進行分類囉 (一定要有耐心,跟著做喔)

堆疊
畫面接近的照片

不論是風景掛，或是人像掛的夥伴，應該都有同一個場景，或是同一個角度拍攝很多照片的習慣（萬無一失嘛），但場景相似的照片翻找起來是很麻煩的，拉滑桿，就得拉很久（哈哈）。來看看 Bridge 的堆疊影像，超方便的。

堆疊場景相似的照片 （麻煩大家找一個自己的檔案夾進行練習）

1. 內容面板中找到場景類似的縮圖，按著 Shift 不放可以連續選取照片
2. 被選取的縮圖單響右鍵，執行「堆疊 - 群組成堆疊」
3. 堆疊後的縮圖會顯示「照片堆疊的數量」
4. 與「播放」按鍵

取消堆疊

5. 堆疊縮圖上單響右鍵
6. 執行「堆疊 - 從堆疊取消群組」

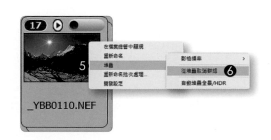

將照片開啟到
Camera Raw

適用版本　Adobe Bridge CC
參考範例　Example\01 檔案夾

Camera Raw 以編輯圖片為主，可以支援各個廠家的 RAW 格式與 JPG 格
式，但無法開啟影片格式（如：MOV）或是包含圖層的 TIF 格式。

學習重點

1. 透過 Bridge 將 RAW 格式開啟在 Camera Raw 程式中。
2. 由「中繼資料」面板檢查照片的拍攝資訊（EXIF）與 GPS。
3. 觀察 Camera Raw 對於 RAW 與 JPG，兩種格式不同的支援度。

A> Camera Raw 不支援影片

1. 找到範例檔案夾 01
2. 單響 Pic001.MOV 縮圖
3. 在 Camera Raw 開啟
   的按鈕失效
   表示 Camera Raw
   不支援 MOV 格式

記得先下載範例檔案

請同學參考書本第二頁的說明，依據網址下
載範例檔案，就能順利配合書本內容，進行
操作，感謝大家的環保（謝謝）。

B> 選取檔案

1. 單響 Pic002.NEF
2. 中繼資料面板中
3. 顯示 RAW 格式的拍攝資訊
4. 單響「在 Camera Raw 中開啟」按鈕

什麼是 RAW ？

RAW 是一種能記錄原始拍攝資訊，相機不介入檔案的「原生格式」，檔案比 JPG 大很多，相對的後製的編輯寬度也大，建議攝影夥伴們盡量拍攝 RAW 格式。

C> 開啟 Camera Raw

1. RAW 格式開啟在視窗中
2. 檔案尺寸與色彩資訊
3. 位於「基本」面板中
4. 單響「白平衡」選單選項跟相機一樣多

為什麼副檔名不是 RAW ？

RAW 是對於這些原生照片 (沒有被相機修改的檔案) 的統稱；常見的 RAW 格式為「Nikon 的 NEF」、「Canon 的 CR2」、「Sony 的 ARW」與「Adobe 的 DNG」。

D> RAW 格式支援度高

1. 仍然在 Camera Raw 視窗
2. 單響「相機校正」按鈕
3. 單響「相機描述檔」選單
   超多相機色調都支援 RAW
4. 單響「取消」按鈕
   結束 Camera Raw 視窗

Camera Raw 是什麼？

Camera Raw 與 Lightroom 都是 Adobe
旗下編修高階相片的主力程式，後製能力強
悍，是攝影界最受歡迎的兩款軟體。

E> 開啟 JPG 格式

1. 單響 Pic003.JPG 縮圖
2. 中繼資料面板顯示拍攝資訊
3. 滑桿往下拖曳
4. 可以看到 GPS 座標資料
5. 單響「在 Camera Raw
   中開啟」按鈕

「在 Camera Raw 中開啟」不能按？

有兩種可能：同學手上的不是官方版本（懂
意思喔），另一種就是關閉了 Camera
Raw 程式對於 JPG 格式的支援度。第二種
比較容易處理，我們下面幾頁再來聊。

F> JPG 格式支援度低

1. 視窗下方顯示檔案名稱
2. 色彩模式與檔案大小
3. 位於「基本」面板中
4. 單響「白平衡」選單
   選單內只有三組選項

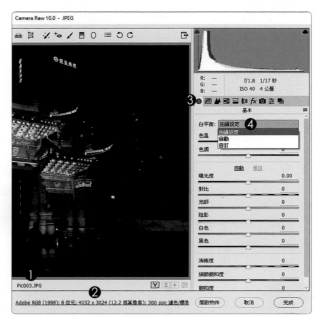

Camera Raw 對 JPG 比較小氣

JPG 能在 Camera Raw 中編輯，但是支援度比較低，同學得先有這個心裡準備。

G> 相機描述也沒有

1. 單響「相機校正」按鈕
2. 單響「相機描述檔」選單
   選單內只有「嵌入」一項
3. 單響「取消」按鈕
   結束 Camera Raw 視窗

重要的照片請拍 RAW

使用手機當然是 JPG 格式，但需要相機出馬時，建議大家拍攝 RAW 格式，多帶幾張記憶卡出門吧！千萬不要省那些容量。

開啟
RAW 檔案的方式

Adobe 的系統中，Camera RAW 是 RAW 格式的主要處理程式，因此管理
檔案的 Adobe Bridge 提供了幾種不同的開啟方式，楊比比先不評定這之間
的好壞，請同學看看以下的開啟程序，應該就會有答案了。

單響 RAW 縮圖後
可以使用以下兩種方式

1. 單響「在 Camera Raw 中開啟」

2. 縮圖上單響右鍵
　　執行「在 Camera Raw 中開啟」

直接進入 Camera RAW

使用上述兩種方式，可以直接將 RAW（或是
JPG）格式開啟到 Adobe Bridge CC 內建
的 Camera Raw 程式中（推薦）。

雙響 RAW 縮圖

先啟動 Photoshop

再進入 Camera RAW

雙響 RAW 縮圖，會先開啟 Photoshop，再啟
動 Photoshop 內部的 Camera Raw；等於
我們多開了一個程式，浪費了電腦空間。

開啟
JPG 檔案的方式

就 Adobe 的邏輯來說，JPG 屬於 Photoshop 的管區，必須由 Photoshop 進行編輯處理。但簡單易學的 Camera Raw 實在太吸引人，即便 JPG 不是 Camera Raw 的主要處理對象，仍然能在 Camera Raw 中進行後製編輯。

單響 JPG 縮圖後
可以使用以下兩種方式

1. 單響「在 Camera Raw 中開啟」

2. 縮圖上單響右鍵
　　執行「在 Camera Raw 中開啟」

雙響 JPG 縮圖
雙響 = 左鍵快速按兩次

Bridge 程式中，雙響檔案縮圖有啟動原始程式的作用，所以雙響 JPG 格式，會自動開啟 Photoshop。

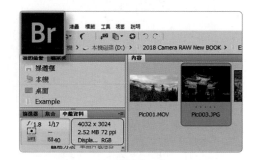

直接進入 Camera RAW

使用上述兩種方式，可以直接將 JPG 格式開啟到 Bridge CC 內建的 Camera Raw 程式中，也是楊比比最推薦的方式。

直接進入 Photoshop

這本書談的就是使用 Camera Raw 程式處理照片的曝光、色調、變形，完全不需要進入 Photoshop，建議大家不要使用這招。

JPG 格式
無法啟動 Camera Raw

如果同學細看了前面幾個範例練習，應該看到過這個問題。JPG 格式不能開啟在 Camera Raw，主要原因有兩個。首先，不是官方支援的版本（楊比比講的含蓄，同學應該懂），另一種就是被「停用」了，來看看解決方式。

A> Camera Raw 偏好設定

1. Bridge CC 程式中
2. 功能表「編輯」
3. 執行「Camera Raw
   偏好設定」指令

Camera Raw 偏好設定

拜託！拜託喔！是 Camera Raw 偏好設定，看清楚喔！謝謝大家的合作！

B> 開啟支援 JPG

1. JPEG 選單中
   選取「自動開啟設定的
   JPEG」項目
2. 單響「確定」按鈕

停用 JPEG 支援

一旦 JPEG 選單中設定為「停用 JPEG 支援」Camera Raw 程式就無法開啟 JPEG 格式。

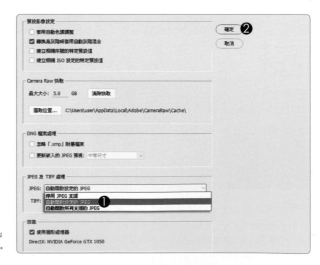

Bridge CC
指定檔案關聯程式

「報告楊比比，我在 Brdige 中雙響 JPG 縮圖，不會進入 Photoshop 耶？」
同學應該是安裝了其他的影像編輯程式，JPG 格式被攔截到別人家去了，沒
事，調整一下就好，來看看下面的步驟，很簡單的。

A> 偏好設定

1. Bridge CC 程式中
2. 功能表「編輯」
3. 執行「偏好設定」指令

偏好設定

這回的「偏好設定」是屬於 Bridge 的，同
學不要弄錯了，看清楚再選取喔！

B> 支援 JPG 的程式

1. 偏好設定視窗中
2. 單響「檔案類型關聯」項目
3. 向下拖曳滑桿
4. 找到 JPEG
5. 指定關聯程式為
   Adobe Photoshop CC 2018
6. 單響「確定」按鈕
   回到 Brdige 程式中

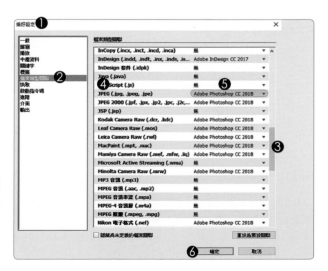

Camera Raw 的
檢視工具

適用版本　Adobe Bridge CC
參考範例　Example\01\Pic004.JPG

Camera Raw 包含「縮放顯示工具」與「手形工具」這兩款檢視工具；第一次接觸 Camera Raw 的同學要多花點時間掌握好這兩款工具。

學習重點

1. 請先啟動 Camera Raw 的圖形處理器，才能正常使用檢視工具。
2. 雙響「縮放顯示工具（俗稱：放大鏡）」檢視比例為：100%。
3. 雙響「手形工具」檢視比例為：顯示全圖。

A > 檢視圖片的拍攝資訊

1. 找到範例檔案夾 01
2. 單響 Pic004.JPG 縮圖
3. 中繼資料面板中
   觀察照片的拍攝資訊
4. 這是 GoPro 6 拍的照片
5. 還有 GPS 資訊

Bridge 中照片排序方式

同學可以試著單響視窗上方的排序選項（紅框處），指定檔案的排序方式。楊比比目前使用的模式為「手動」排序。

B> 開啟到 Camera Raw

1. 單響 Pic004.JPG
2. 單響「在 Camera Raw 中開啟」按鈕

或是

3. 縮圖上單響「右鍵」選取「在 Camera Raw 中開啟」功能

不要「雙響」縮圖

前面我們曾經提過，JPG 格式的關聯程式為 Photoshop，雙響「JPG」縮圖，會將選取的 JPG 圖片開啟在 Photoshop 中。

C> 開啟圖形處理器

1. 進入 Camera Raw 視窗
2. 單響「偏好設定」按鈕
3. 勾選「使用圖形處理器」
4. 單響「確定」按鈕

圖形處理器的作用是？

主要作用是「加速圖形在 Camera Raw 中的編輯速度」包含 HDR 與全景合併的運算，並提供「縮放顯示工具」即時瀏覽的能力。

D> 縮放顯示工具（Z）

1. 單響「縮放顯示工具」
   或按下「Z」
2. 移動指標到編輯區
   向右拖曳「拉近圖片」
   向左拖曳「推遠圖片」
3. 顯示目前的檢視比例

使用快速鍵時，請先關閉中文輸入法

記得，如果連著按兩次「Z」都無法切換到
「縮放顯示工具」中，不用懷疑，就是中文
輸入法沒有關閉，切換為「英文」就 OK 囉！

E> 即時切換到「手形工具」

1. 還是「縮放顯示工具」
2. 按著「空白鍵」不放
   指標變為「手形工具」
   移動指標拖曳編輯區圖片
   放開「空白鍵」
   即可還原為目前工具

任何情況都可以按「空白鍵」切換嗎？

工具列上除了「偏好設定」、「順時針」與
「逆時針」90 度旋轉（紅框處）這三項工具
之外，其餘的工具都可以按「空白鍵」即時
切換為「手形工具」拖曳編輯區中的圖片。

F> 100%檢視圖片

1. 雙響「縮放顯示工具」
2. 視窗中的顯示比例
   立即調整為「100％」

縮放至 100% 的快速鍵

Windows：Ctrl + Alt + 0（數字零）
Mac：Command + Option + 0（數字零）

G> 全圖顯示

1. 雙響「手形工具」
2. 圖片立即完整顯示在編輯區
   並調整到目前視窗
   能顯示的最大範圍
3. 檢視欄位的比例就不一定了
   得看圖片的像素

全圖顯示的快速鍵

Windows：Ctrl + 0（數字零）
Mac：Command + 0（數字零）

02 鏡頭校正與裁切

2017/10/15, 05:00pm Canon 5D IV
拉姆央措湖 / 海拔 3263m
1/250 秒 f/8 ISO 100
Photo by 莊祐嘉

調整
Camera Raw 界面色彩

自從 2007 年（CS3）Adobe 開始把攝影編輯的任務交代給 Camera Raw 之後，Camera Raw 的作業環境就沒有太大的變化，即便延續了這麼多個版本，除了變更運算方式與增強功能之外，改變最大也只有界面顏色囉！

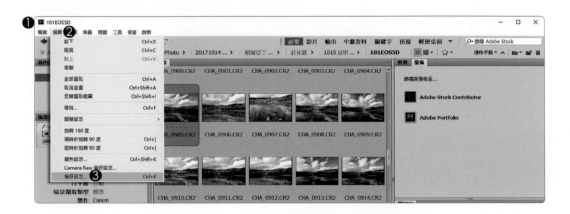

1. 開啟 Adobe Bridge CC
2. 功能表「編輯」
3. 執行「偏好設定」指令
4. 單響「介面」類別
5. 指定「顏色主題」與亮度

▲ 界面主題顏色影響 Bridge 界面色彩

▲ 同時影響 Bridge 內建的 Camera Raw 顏色

認識
Camera Raw 環境界面

同學不需要將 Camera Raw 的環境界面完整的背誦下來,只要有點基本概念,知道「色階圖」放在哪裡、照片拍攝資訊的顯示位置、工具箱如何切換回面板,這樣就算非常圓滿了,不要給自己太大的壓力,來看看吧!

1. 控制 Camera Raw 視窗大小,快速鍵 F(記得關閉中文輸入法)。

2. 標題列顯示 Camera Raw 版本與相機型號(看不到標題可以按一下 F)。

3. 工具列。最後兩款工具是「順時針」、「逆時針」旋轉,不是復原指令。

4. 中間大面積的圖片區域是「編輯區」,下方顯示「顯示比例」、「圖片名稱」。

5. 色階圖:顯示編輯區圖片像素在明暗區域中分佈的狀態。

6. 拍攝資訊:提供指標位置的 RGB 數值,和光圈、快門、焦段與 ISO 數值。

7. 控制面板:提供 10 組工作面板,並能配合工具顯示工具需要的控制參數。

8. 儲存影像:就是存檔。支援 JPG、TIF、PSD、DNG 等常用格式。

9. 開啟、取消、完成:結束 Camera Raw 程式的幾種方式(下一頁聊)。

三種結束
Camera Raw 的模式

同學應該注意到了，Camera Raw 視窗不提供「放大 / 還原」、「關閉」、「最小化」等視窗控制項目，所以當我們完成 Camera Raw 編輯之後，只能透過視窗下方的「開啟」、「取消」與「完成」按鈕，來結束 Camera Raw。

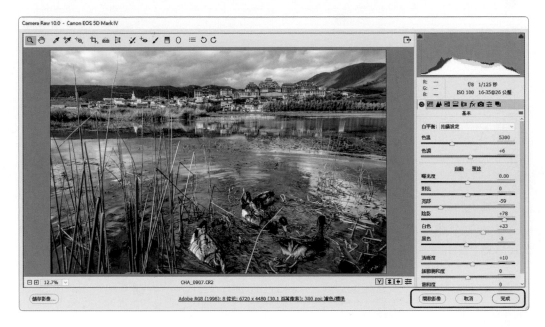

完成　單響「完成」按鈕後，會保留我們在 Camera Raw 程式中的編輯數據，並關閉視窗。Bridge 視窗內的縮圖上顯示 Camera Raw 的編輯標記。

CHA_0907.CR2

取消　單響「取消」按鈕，會立即關閉 Camera Raw 視窗，不會記錄編輯數據，Bridge 內的縮圖也不會有標記。

開啟　Camera Raw 編輯後的圖片進入 Photoshop 的按鈕，分為「開啟影像」、「開啟物件」、「開啟拷貝」三種方式。預設值為「開啟影像」。

Camera Raw
整體修片程序

Camera Raw 中修片，跟拍照一樣，有既定的規則與邏輯；同學必須先把基本程序掌握住，日後再依據自己的拍攝習慣進行修正調整。老實說，這套程序花了楊比比不少時間歸納出來，同學要多多珍惜，這可是老人的智慧呀！

鏡頭校正 ⇨ 變形校正 ⇨ 裁切構圖 ⇨ 曝光 ⇨ 色調

鏡頭校正　進入 Camera Raw 視窗的第一個動作，就是到「鏡頭校正」面板中 (紅圈) 勾選「移除色差」與「啟動描述檔校正」兩個項目。

變形工具　照片如果歪一邊，調整曝光時還得歪著頭看，多費事。建議同學「鏡頭校正」之後，先使用「變形工具」校正照片的歪斜變形。

裁切工具　裁切是一種再次構圖的方式，同學必須先確定構圖範圍，才能校正照片的曝光與色調，這樣色階圖才會顯示正確的曝光區間。

修片程序（一）

鏡頭校正
移除色差與描述檔

使用版本　Camera Raw 10.1
參考範例　Example\02\Pic001.DNG

聽過楊比比講課的攝影夥伴，對於「鏡頭校正」這個程序，肯定是熟的不能
再熟了；但第一次接觸的同學，請注意以下每個程序，不要跳著練習喔！

學習重點

1. 複習「縮放顯示工具」與「手形工具」兩款工具的使用。
2. 觀察照片細節，找出高光溢色的線條，並使用「鏡頭校正」移除。
3. 照片周圍產生的「暗角」與「變形」也可以透過「鏡頭校正」移除。

A › 開啟範例檔案

1. 在 Bridge CC 環境中
2. 找到範例檔案夾 02
3. 單響 Pic001.DNG 縮圖
4. 單響「在 Camera Raw
　 中開啟」按鈕

DNG 是什麼格式？

這本書除了楊比比之外，還有三位攝影師提
供作品，為了保護她們的檔案，楊比比將原
始的 RAW 格式，轉成小尺寸的 RAW 格式。
DNG 就是 Adobe 專用的 RAW 檔案。

46

B> 縮放顯示工具

1. 單響「縮放顯示工具」按鈕
2. 移動指標到編輯區
   大概是屋頂的位置
   向右拖曳指標拉近影像
3. 屋頂上有明顯的青藍色

高光溢色

常出現在變形量比較大的鏡頭，或是反差比較大的環境中；影像邊緣會顯示出類似像是色版沒有對齊的狀態，一定要先處理掉，否則繼續修下去影像邊緣容易出現裂化狀態。

C> 移除色差

1. 單響「鏡頭校正」按鈕
2. 單響「描述檔」標籤
3. 勾選「移除色差」
4. 看看編輯區
   溢出影像邊緣的顏色
   消失囉

重點操作

拖曳影像檢視其他區域

麻煩同學按著「空白鍵」不放，指標會立即切換為「手形工具」（空白鍵不要放開喔）拖曳編輯區中的圖片，檢查其他部份，檢查完畢後，請放開「空白鍵」。

D> 符合視圖

1. 雙響「手形工具」
2. 整張圖片都顯示在編輯區

或是
3. 單響檢視比例欄位
4. 單響「符合視圖」

接下來要校正鏡頭邊緣的變形

所以得先把整張圖片秀出來，方便我們進行
「鏡頭校正」的下一個校正程序。

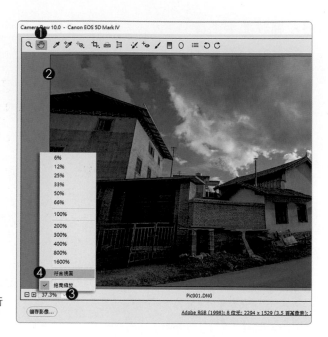

E> 找到原廠鏡頭校正資訊

1. 位於「鏡頭校正」面板
2. 還是「描述檔」標籤
3. 勾選「啟動描述檔校正」
4. 立即顯示廠商與焦段
5. 圖片四周的變形
   與暗角都校正好了

鏡頭描述檔不支援 JPG 與老鏡

RAW 格式多數沒有問題，但是 JPG 格式與
老鏡，卻不容易抓到鏡頭描述檔，我們下一
個範例來試試手動載入鏡頭描述檔。

F> 扭曲校正量

1. 在「鏡頭校正」面板中
2. 還是「描述檔」標籤
3. 向左拖曳「扭曲」滑桿
   減少校正鏡頭變形的程度

扭曲校正量

預設狀態下「扭曲」數值為「0」，啟動鏡頭描述檔校正後，「扭曲」數值會自動拉到「100」，如果覺得校正量太大，可以向左拖曳滑桿，降低「扭曲」校正量。

G> 暈映校正量

1. 還是在「鏡頭校正」面板中
2. 向左拖曳「暈映」滑桿
3. 照片的四周
   會逐漸顯示出暗角
4. 單響「完成」按鈕
   記錄下編輯數據
   並結束 Camera Raw

暈映就是「暗角」

暈映（這是誰想的名詞呀！很難念耶）預設值為「0」，勾選「啟動描述檔校正」後，會自動拉到「100」，同學可以試著降低「暈映」數值，可以在圖片周圍到看明顯的暗角。

修片程序（一）

鏡頭校正
手動指定描述檔

使用版本　Camera Raw 10.1
參考範例　Example\02\Pic002.JPG

鏡頭校正描述檔對於比較新的相機、或是資料庫中沒有的老鏡，不容易抓到
鏡頭描述資訊，所以我們得手動，自己湊幾個適合的描述檔來取代。

學習重點

1. Bridge 環境中透過「中繼資料」面板，檢視拍攝照片的相機廠牌與型號。
2. 指定鏡頭描述「廠商」與「鏡頭型號」，並儲存鏡頭描述檔資訊。
3. 重複套用在相同機型的照片中。

A> 檢查相機機型

1. 在 Bridge CC 環境中
2. 找到範例檔案夾 02
3. 單響 Pic002.JPG 縮圖
4. 中繼資料的「相機資料」
5. 相機廠牌為 samsung
6. 機型為 SM-N950F
7. 單響「在 Camera Raw
   中開啟」按鈕

還沒有提供 Note 8 的支援

SM-N950F 就是 Note 8，已經出來一段時
間，Adobe 還沒有提供相關支援，等等吧！

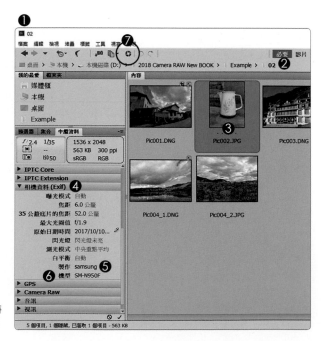

B> 直接衝進「鏡頭校正」

1. 單響「鏡頭校正」面板
2. 確認在「描述檔」標籤
3. 勾選「移除色差」
   勾選「啟動描述檔校正」
4. 找不到 ... 鏡頭描述檔

JPG 格式與老鏡很難抓到描述檔

除了太新的相機之外，JPG 與老鏡都不容易抓到鏡頭描述檔，喜歡使用老鏡拍照的夥伴要特別留心這個環節囉！

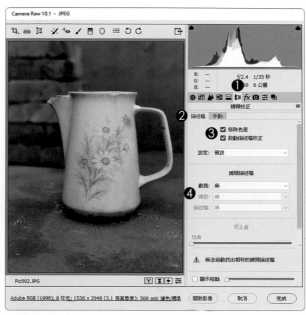

▲ 2017.12 月 Camera Raw 更新為 10.1 尚未支援 Note 8

C> 自己挑選廠商與機型

1. 廠商「Samsung」
2. 機型「Samsung Galaxy S8」挑個比較接近的型號

如果選單內都沒有適合的機型呢？

周邊很多玩老鏡的朋友，聊起 M42 系列老鏡，可以說上三天三夜，楊比比感受過老鏡玩家的熱情。但是，Adobe 不支援也沒有辦法，也只能跳開描述檔，由其他工具取代。

D > 調整適合的校正量

1. 仍然在「鏡頭校正」面板
2. 設定好廠商與機型
3. 向右拖曳「扭曲」滑桿
   數值約為「120」

為什麼數值要調整到「120」

100 也行,楊比比只是希望設定一個跟預設
不同的數值,我們接著往下看。

E > 儲存鏡頭描述檔

1. 還是在「鏡頭校正」面板中
2. 設定選單內
3. 選取「儲存新鏡頭描述檔
   預設值」儲存描述檔
4. 單響「取消」按鈕
   離開 Camera Raw

這樣就算儲存鏡頭描述檔囉

保留下來的鏡頭描述檔,可以套用在相同機
型拍攝的照片中,以後就不用手動調整囉!

F> 再來一次

1. 回到 Bridge 中
2. 再次單響 Pic002.JPG 縮圖
3. 單響「在 Camera Raw 中開啟」按鈕

請不要雙響 JPG 縮圖

JPG 格式的預設程式是 Photoshop，雙響（左鍵快速按兩下）會將 JPG 圖片開啟到 Photoshp 環境中，記得喔！

G> 再次殺入「鏡頭校正」

1. 單響「鏡頭校正」按鈕
2. 描述檔標籤中
3. 勾選「移除色差」
   勾選「啟動描述檔校正」
4. 立即抓到鏡頭描述檔
5. 單響「完成」按鈕

完成按鈕

通常在還沒有決定要將照片放在 FB 還是沖洗出來之前，同學在編輯結束後，可以先按下「完成」按鈕，將 Camera Raw 的編輯數據保留下來，並離開 Camera Raw 視窗。

修片程序（二）
變形校正
Upright 模式

使用版本　Camera Raw 10.1
參考範例　Example\02\Pic003.DNG

不見得每一張照片都需要「變形校正」，也因此「變形工具」成為一個選擇性的程序，同學可以自行決定「變形工具」上場的時機。

學習重點

1. 進入 Camera Raw 必須先完成「鏡頭校正」，才使用「變形工具」。
2. 變形工具 Upright 提供「透視、水平、垂直、水平垂直」四種校正方式。
3. Camera Raw 中以「灰白」方格表示的區域為「沒有影像的透明範圍」。

A> 開啟範例檔案

1. 在 Bridge CC 環境中
2. 找到範例檔案夾 02
3. 單響 Pic003.DNG 縮圖
4. 單響「在 Camera Raw 中開啟」按鈕

Adobe 的 RAW 格式 DNG

為了方便大家下載範例圖片，並保護攝影師的權益，楊比比提供的都是小尺寸的 DNG 格式，這也是 Adobe 專用的 RAW 檔。

B> 先執行「鏡頭校正」

1. 單響「鏡頭校正」面板
2. 確認在「描述檔」標籤
3. 勾選「移除色差」
   勾選「啟動描述檔校正」

修片程序(一)鏡頭校正

同學可以試試取消「鏡頭校正」面板中的兩個勾選,直接進入下一個「變形工具」中,應該能看到 Adobe 善意的提醒「為了獲得最佳效果,請先執行鏡頭校正」。

C> 啟動「變形工具」

1. 單響「變形工具」按鈕
2. 右側面板顯示「變形」
   需要的控制參數
3. 預設的修正模式為
   「停用 Upright」

變形工具有快速鍵嗎?

有的「Shift+T」。除非天天泡在修片的環境中,需要大量的快速鍵提高編輯速度,否則不需要特別記下變形工具快速鍵。

D> Upright 透視校正

1. 位於「變形」面板中
2. 單響「A」啟動透視校正
3. 桑披嶺寺的外觀
   顯得比較穩定
4. 單響面板預設值
   與修改參數切換按鈕
   關閉面板參數恢復預設值
   再按一次可以啟動參數

面板預設值與修改參數切換按鈕

簡單的說，這個按鈕就是暫時隱藏目前面板
的調整數值，顯示面板沒有調整前的狀態。

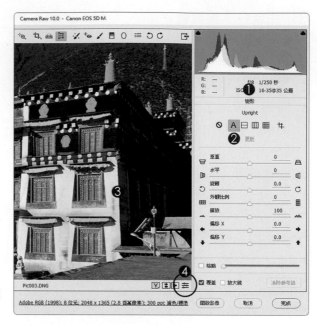

E> 試試 Upright 其他模式

1. 位於「變形」面板
2. 單響「垂直」校正
3. 觀察編輯區中圖片效果
4. 再看一下照片透過「變形」
   面板修改前後的差異

Upright 每一個模式都可以試試

桑披嶺寺外觀似乎不需要「水平」校正，因
此挑了「透視」與「垂直」兩種模式測試。

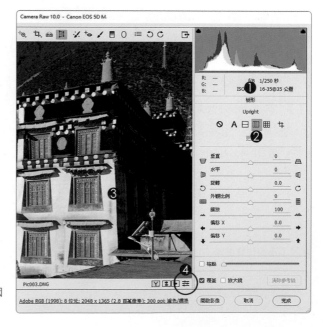

F> 試試水平垂直模式

1. 位於「變形」面板中
2. 單響「水平垂直」校正模式
3. 哇！校正幅度好大
4. 照片外側以「灰白」方格
   顯示的區域為「透明」
   這些範圍沒有畫素

如果我就喜歡這種修正方式呢？

那就得使用「裁切工具」，將圖片以外的透明區域切掉，維持圖片的完整性。

G> 還是透視校正比較適合

1. 位於「變形」面板
2. 單響「A」啟動透視校正
3. 向左拖曳「縮放」滑桿
   縮小照片
4. 透過外側變形可以看出
   透視校正的幅度也不小
5. 單響「完成」按鈕

結束「變形」工具

位於「變形」面板中，按下「Enter」按鍵，就能回到 Camera Raw 包含著「基本」與「鏡頭校正」預設面板的環境中。

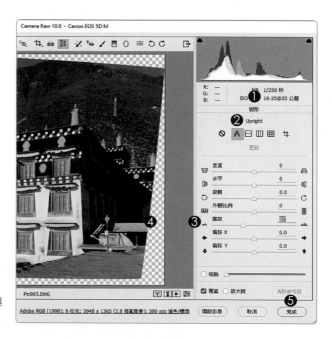

修片程序（二）

變形校正
自動與手動模式

使用版本　Camera Raw 10.1
參考範例　Example\02\Pic004-1、-2

這個練習比較長，我們要同時處理兩張不同格式、不同相機拍攝的照片，同學得先準備點吃的、沖點熱茶，堅持接下來六頁的範例操作。

學習重點

1. 多張圖片開啟在 Camera Raw 視窗中。
2. 分別調整 DNG（Adobe 的 RAW 格式）與 JPG 兩張照片的「鏡頭校正」。
3. 分別進行兩張照片「水平」方向的校正。

A> 開啟範例檔案

1. 在 Bridge CC 環境中
2. 找到範例檔案夾 02
3. 按著 Ctrl 鍵不放
   單響 Pic004_1.DNG
   與 Pic004_2.JPG 兩張圖片
4. 單響「在 Camera Raw
   中開啟」按鈕

Bridge 選取檔案

除了 Ctrl 之外，還可以使用「拖曳」或是搭配「Shift」功能鍵，選取 Bridge 視窗中需要編輯的檔案，再進入 Camera Raw。

B> 底片顯示窗格

1. 兩張圖片開啟在視窗左側
   底片顯示窗格中
2. 按著 Shift 鍵不放
   單響 Pic004_2.JPG 縮圖
   同時選取兩張圖片

還可以試試「選項」按鈕

同學可以試著單響底片顯示窗格右側（紅
圈）的選項按鈕，透過選單，執行「全部選
取」也能選取窗格內所有的圖片。

C> 兩張一起鏡頭校正

1. 確認兩張照片都選到囉
2. 單響「鏡頭校正」按鈕
3. 位於「描述檔」標籤
4. 勾選「移除色差」
   勾選「啟動描述檔校正」
5. 抓到鏡頭與機型

鏡頭校正顯示的是一張照片的鏡頭描述檔

雖然兩張一起選，但「鏡頭校正」面板只有
一個，只能顯示第一張照片的鏡頭資訊，一
起來看看第二張照片的鏡頭描述檔。

D> 檢查 JPG 鏡頭校正

1. 單響 Pic004_2.JPG 縮圖
2. 仍然在「鏡頭校正」面板
3. 廠商「Apple」
   機型 iPhone 8 Plus

注意 Camera Raw 版本

就在楊比比剛吃完老爺帶回來的紅葉蛋糕
約 10 分鐘左右，發現 Adobe Creative
Cloud 更新 Camera Raw 程式到 10.1，
並提供 iPhone 8 與 iPhone X 的支援。

▲ Camera Raw 10.1 更新日期為 2017.12.12

E> 啟動變形工具

1. 單響第一張 Pic004_1.DNG
2. 單響「變形工具」按鈕
3. 右側顯示「變形」面板
4. 單響「水平校正」按鈕
5. 校正照片的水平歪斜

色階：僅套用色階校正

試著將指標靠近「水平校正」按鈕，顯示出
的名稱為「色階：僅套用色階校正」，別被
名稱誤導，這個按鈕就是校正水平線的。

F> 換第二張進行水平校正

1. 單響 Pic004_2.JPG 縮圖
2. 仍然在「變形」面板中
3. 單響「水平校正」按鈕
4. 編輯區中的照片還是歪一邊

攝影人的眼睛是很敏銳的

後製軟體不是萬能的，尤其是這種自動拉水平的程序，必要時還是得自己動手。

G> 旋轉照片

1. 位於「變形」面板
2. 向左拖曳「旋轉」滑桿
   便能轉動編輯區中的照片

必要時打開「格點」

需要參考線對齊的同學，可以勾選「變形」面板下方的「格點」（紅圈），便能顯示格線，方便我們轉動照片角度，作為參考依據。

H> 水平校正另一招

1. 第二張照片 Pic004_2.JPG
2. 單響「拉直工具」
3. 沿著地平線拖曳指標
   確認好角度後放開左鍵

拉直工具

自從「變形工具」提供「水平方向」校正之
後，拉直工具使用的機率就比較低了，但「變
形工具」抓不到水平時，拉直還是很友善的
給了我們另一個校正的選擇，可以試試。

I> 立即跳到裁切工具中

1. 結束「拉直工具」
   轉動角度測量後
   立即進入「裁切工具」中
2. 編輯區顯示校正後需要的
   裁切範圍
   請同學按下 Enter
   結束裁切工具

結束 Camera Raw 工具

不論是「變形工具」或是「裁切工具」，都
可以按下 Enter 結束工具使用。

J> 手動拉直還是比較準

1. 確認裁切範圍後
   裁切框消失
   編輯區中的照片
   顯示轉正之後的樣子

裁切範圍可以調整嗎？

當然可以。RAW 檔是不會被任何指令影響的，同學放心，我們來看看下一個步驟。

K> 重新開啟裁切工具

1. 單響「裁切工具」按鈕
2. 編輯區中出現裁切範圍
3. 若是要取消裁切範圍
   請按著「裁切工具」不放
   由選單中執行「清除裁切」

結束 Camera Raw 視窗

同學可以選擇左側窗格的兩張照片，再按下「完成」按鈕，就可以把參數保留下來，並結束 Camera Raw 視窗。

修片程序（二）

變形校正
參考線模式

使用版本　Camera Raw 10.1
參考範例　Example\02\Pic005.DNG

同學一定碰過，照片中有幾條不太平行的水平或是垂直線，這種狀況就不是
單一「水平」或是「垂直」校正能搞定的，得透過「變形工具」的參考線。

學習重點

1. 必須先執行「鏡頭校正」再套用「變形工具」進行歪斜校正。
2. 按 Enter 就能結束「變形工具」回到預設面板的環境中。
3. 變形工具的「參考線」模式，提供四條校正畫面的參考線。

A > 開啟範例檔案

1. 在 Bridge CC 環境中
2. 找到範例檔案夾 02
3. 單響 Pic005.DNG 縮圖
4. 單響「在 Camera Raw
　　中開啟」按鈕

謝謝大家包容

寫書需要大量的圖片，楊比比會將適合的圖
片先塞進檔案夾中，再依據需求逐一刪減修
改，Bridge 視窗中檔案還沒整理，請包涵。

B> 實驗一下

1. 單響「變形工具」按鈕
2. 右側「變形」面板中
3. 有一個善意的提醒
   套用 Upright 之前請先
   啟用鏡頭校正
   按 Enter 結束「變形工具」

Adobe 安排的程序

質疑楊比比這套修片程序的人不少（誰說一定要先「鏡頭校正」... 怒氣衝天）誰都不是，就是 Adobe 啦！息怒！息怒！

C> 從「鏡頭校正」開始

1. 單響「鏡頭校正」按鈕
2. 位於「描述檔」標籤
3. 勾選「移除色差」
   勾選「啟動描述檔校正」
4. 照片的邊緣會晃一下
   校正四周的歪斜

如果照片沒有「色差」呢？

知道「移除色差」的作用就可以，不見得每一次都要把照片拉近找色差的位置，如果照片沒有色差，勾了也不影像照片的畫質。

D> 建立參考線

1. 單響「變形工具」按鈕
2. 單響「參考線」模式
3. 勾選「放大鏡」
4. 沿著牆上拖曳指標
5. 透過放大鏡

   注意指標的位置

兩條以上的參考線才能開始校正

沒錯!只有一條參考線,無法進行校正,等下一個步驟,拉出第二條參考線之後,變形工具就會依據參考線的角度校正照片。

E> 建立第二條參考線

1. 變形面板「參考線」模式
2. 繼續拉出第二條參考線
3. 放大鏡能提供

   更精準的參考點

清除參考線

拖曳參考線兩端的圓點,可以再次調整參考線的角度。單響「參考線」並按下「Del」按鍵,就能清除編輯區中的參考線。

F> 建立第三條參考線

1. 仍然在「變形」面板中
2. 還是「參考線」模式
3. 沿著電線桿拖曳參考線

隨時修改參考角度

如果參考線抓的準，多數狀況下都能校正出四平八穩的畫面，就怕參考線的角度抓的不對。如果照片扭曲變形的太離譜，記得拖曳參考線兩端的圓點，修改參考線校正的角度。

G> 結束 Camera Raw

1. 取消「放大鏡」勾選
2. 單響「完成」按鈕
   記錄目前的調整數據
   並離開 Camera Raw

參考線使用的機率不高

楊比比翻遍了 3TB 的磁碟機，才找到這張位於扎什倫布寺門口的照片需要使用參考線進行校正，這表示 Upright 的四大模式「透視、水平、垂直、水平垂直」幾乎可以應付所有的校正需求，覺得參考線很麻煩的同學，不用太擔心，使用機會真的不多。

修片程序（二）
變形校正
單線拉直

使用版本　Camera Raw 10.1
參考範例　Example\02\Pic006.DNG

變形工具的 Upright 雖然方便，但仍有力不能及之處，轉正照片之後，得自己裁切照片邊緣的透明區域，相較之下「拉直工具」就方便很多。

學習重點

1. 離開「變形工具」面板，可以試試單響「縮放顯示工具」或是按「Z」。
2. 使用「拉直工具」轉正照片。
3. 拖曳控制點，調整「裁切範圍」，Enter 可以結束「裁切工具」。

A> 開啟範例檔案

1. 在 Bridge CC 環境中
2. 找到範例檔案夾 02
3. 單響 Pic006.DNG 縮圖
4. 單響「在 Camera Raw 中開啟」按鈕

學習就在反覆練習間累積經驗

這個範例沒有任何新的指令與工具，楊比比只是希望同學能在這個章節，反覆練習修片的基本程序，辛苦大家了！

B> 鏡頭校正

1. 進入 Camera Raw
2. 一定先「鏡頭校正」
3. 確認是「描述檔」標籤
4. 勾選「移除色差」
　 勾選「啟動描述檔校正」
5. 必要時可以修正「校正量」

16-35mm F2.8

哇塞！這顆 14 道星芒的原廠鏡頭，效果還
真猛，星芒與光斑都極為強烈，佔據的面積
太大，模糊了前方的雪山，可惜了！

C> 試試變形工具

1. 單響「變形工具」按鈕
2. 單響「水平」校正
3. 勾選「格點」
4. 向右拖曳格點間距「滑桿」
　 經由格線檢視水平角度

好像還有一點歪？

沒錯！同學的眼睛很敏銳，因為耀光、還有
水平線不夠明顯，所以 Upright 無法一次到
位，順利轉正照片，抓出水平。

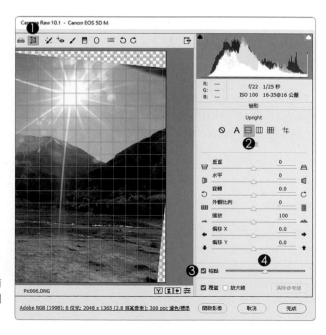

D> 取消變形校正

1. 位於「變形」面板中
2. 單響「停用 Upright」按鈕
3. 取消「格線」的勾選
   按 Enter 結束「變形工具」

試試另外兩種結束「變形工具」的方式

關閉中文輸入法，按下「Z」啟動「縮放顯示工具」，也能結束「變形工具」。或是按下「A」切換到「拉直工具」。

E> 拉直工具

1. 單響「拉直工具」
2. 沿著地平線拖曳指標
   不用太長
   角度對了就好

自動拉直

單響「拉直工具」可以拖曳指標，限定照片轉正的角度。若是「雙響」拉直工具，則不需要拖曳指標，能直接轉正照片；但必須在歪斜很明顯的狀態下，自動轉正才會發生作用，而且失敗率很高，建議同學使用「變形工具」的「水平」模式取代自動轉正。

F> 裁切工具

1. 拉直結束後
   立刻顯示裁切控制框
2. 拖曳控制點調整裁切範圍
   這就是俗稱的「二次構圖」
   按 Enter 結束裁切工具

下一個範例再來好好的聊裁切

這個練習先試試水溫，下一個範例，楊比比
會把裁切需要的功能鍵整理給大家。

G> 微調一下

1. 單響「變形工具」
2. 向左拖曳「旋轉」滑桿
3. 直到編輯區的畫面穩定

視覺平衡

照片會因為左右兩側的山體或是深色物件影
響瀏覽者觀看的感受，是不是真的水平不重
要，重要的是，「看」起來要是平衡穩定的。

修片程序（三）
裁切工具
正常模式

使用版本　Camera Raw 10.1
參考範例　Example\02\Pic007.DNG

按著「裁切工具」不放（大概一秒）就能出現工具選單。

裁切工具常用快速鍵

裁切工具：C
結束裁切：Enter
取消裁切：Esc
交換裁切框的寬高：X

A > 開啟範例檔案

1. 在 Bridge CC 環境中
2. 找到範例檔案夾 02
3. 單響 Pic007.DNG 縮圖
4. 單響「在 Camera Raw 中開啟」按鈕

重複太多次...

如果楊比比還沒有開始寫，同學就已經將檔案開啟到 Camera Raw 視窗中，並執行「鏡頭校正」了，那楊比比的引導就成功囉！

B> 鏡頭校正

1. 單響「鏡頭校正」按鈕
2. 確認「描述檔」標籤
3. 勾選「移除色差」
   勾選「啟動描述檔校正」

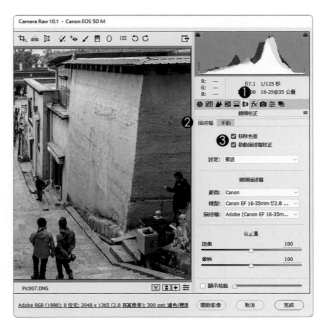

楊比比周圍的朋友都是 C 家

多冷清呀，玩 Nikon 的楊比比，連個要交換鏡頭的人都沒有。這故事給大家一個啟示，出門最好多找幾個同系統的夥伴。

C> 變形工具

1. 單響「變形工具」按鈕
2. 單響「A」透視校正

或是
3. 單響「垂直」校正

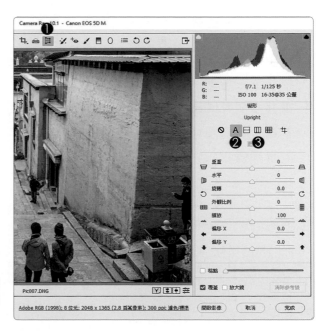

似乎「A」模式校正的畫面比較穩

使用「變形工具」校正之前，建議同學雙響「手形工具」，將整張圖片完整的顯示在編輯區中，比較容易觀察校正後的狀態。

D> 裁切選單

1. 按著「裁切工具」不放
2. 跳出裁切選單
   確認裁切方式為「正常」
3. 確認勾選以下兩個項目
   限制為影像相關
   顯示覆蓋

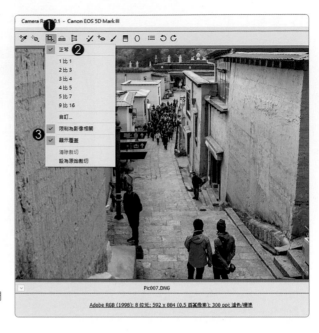

正常模式

沒有比例限制，寬度與高度都可以隨意調整，是最自由、最常用的裁切模式。

E> 建立裁切範圍

1. 拖曳指標拉出裁切範圍
   框住進來參觀的遊客
2. 畫面中的井字構圖線
   就是裁切選單中的
   顯示覆蓋

顯示覆蓋 = 顯示井字構圖線

Camera Raw 並沒有像 Lightroom 提供三角形、黃金螺旋線等複雜的構圖模式，只有井字覆蓋線。因此，建議同學勾選「裁切工具」選單內的「顯示覆蓋」，才能在裁切範圍內覆蓋井字構圖線。

F> 交換寬高

1. 裁切範圍顯示在編輯區中
   關閉中文輸入法
   按下「X」按鍵
   就能將橫幅轉為直幅
2. 確認位置後
   按 Enter 結束裁切

裁切只是暫時隱藏照片的其他區域

RAW 格式是不會被破壞的，這點同學一定
要記得，裁切後其他範圍只是隱藏不是刪除。

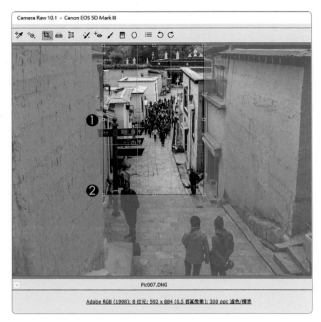

G> 清除裁切

1. 編輯區顯示裁切後的畫面
2. 如果要清除裁切範圍
   請按著「裁切工具」不放
3. 由裁切選單中
   執行「清除裁切」

記得按下「完成」按鈕

同學可以單響 Camera Raw 視窗右下角的
「完成」按鈕，將編輯數據記錄在圖片中，
並結束 Camera Raw 程式。

修片程序（三）
裁切工具
限制寬高比例

使用版本　Camera Raw 10.1
參考範例　Example\02\Pic008.DNG

裁切工具選單提供六種常用
比例，與「自訂」模式。

裁切工具的自訂模式

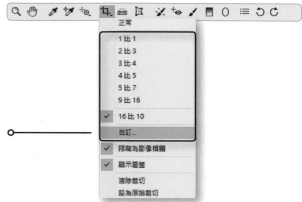

A> 開啟範例檔案

1. 在 Bridge CC 環境中
2. 找到範例檔案夾 02
3. 單響 Pic008.DNG 縮圖
4. 單響「在 Camera Raw
　 中開啟」按鈕

楊比比有嘮叨的天賦

念書當衛生股長的時候，就很會追著同學碎
碎念，很少有人在這麼年輕的時候就具備這
樣的能力（哈哈）最後一次了，忍耐一下。

B> 鏡頭校正

1. 單響「鏡頭校正」按鈕
2. 確認「描述檔」標籤
3. 勾選「移除色差」
   勾選「啟動描述檔校正」

稿子都不用改 ...

下一個章節這些標準程序,同學得自己完
成,記得吧!鏡頭校正→變形拉直→裁切。

C> 變形工具

1. 單響「變形工具」按鈕
2. 單響「水平校正」模式
3. 找不到 Upright 校正

沒事!我們換一招

碰到某些能見度比較低的遠景照片,變形工
具不能抓到校正位置,也不能怪它。來!我
們換「拉直工具」,請翻頁。

D> 拉直工具

1. 單響「拉直工具」
2. 拖曳指標拉出轉正角度

拉直工具（A）

拉直工具的快速鍵：A。因為拉直工具的使用率不高，同學不一定要背，知道就好。

E> 產生裁切範圍

1. 依據拉直工具轉正的角度
   建立出裁切範圍
   先不要調整裁切範圍
   我們要修改比例

沒有井字構圖線？

按著「裁切工具」不放（大概一秒鐘），確認選單中勾選「顯示覆蓋」，就能在裁切框中看到「井字構圖線」。

F> 指定裁切比例

1. 裁切框還顯示在編輯區
2. 按著「裁切工具」不放
3. 選單中單響「9 比 16」
   編輯區中裁切框
   寬高立刻調整為 16 比 9
4. 適度調整裁切範圍
   按下 Enter 結束裁切工具

自訂比例

同學可以試著由裁切選單中單響「自訂」項目，自行輸入常用的裁切比例。

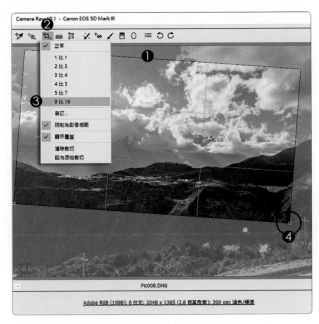

G> 準備收工

1. 確認裁切範圍沒有問題
2. 單響「完成」按鈕
   編輯參數會記錄在圖片中
   並結束 Camera Raw 程式

唸了四十頁

楊比比這樣卯起來唸，同學想忘都很難（哈哈）大家辛苦了，今天是週末，又是耶誕前夕，楊比比去 101 附近繞繞，拍個夜景，先收工了，我們下個章節再見！

03 影像曝光與立體感

2017/10/17, 07:44am Canon 5D IV
梅里雪山 / 海拔 3461m
1/500 秒 f/8 ISO 400
Photo by 古卉妘

大批照片
同時鏡頭校正

使用版本　Camera Raw 10.1
參考範例　Example\03\Pic001.DNG

不是每張照片都要校正與裁切

鏡頭校正 ⇨ 變形校正 ⇨ 裁切構圖 ⇨ 曝光 ⇨ 色調

不見得每一張照片都要拉直、轉正、裁切，但「移除色差」與「鏡頭變形校正」
是必要的，也因此「鏡頭校正」絕對是修片程序中，不能跳開的第一個步驟。

A > 開啟範例檔案

1. 在 Bridge CC 環境中
2. 找到範例檔案夾 03
3. 單響 Pic001.DNG 縮圖
4. 單響「在 Camera Raw
　 中開啟」按鈕

Bridge CC 中開啟檔案

第三個章節的所有範例放在 Example \ 03
檔案夾中，請記得先下載範例檔案。

B> 鏡頭校正

1. 單響「鏡頭校正」按鈕
2. 單響「描述檔」標籤
3. 勾選「移除色差」
   勾選「啟動描述檔校正」
4. 扭曲「50」

保留「鏡頭校正」設定

既然每一張圖片都要套用鏡頭校正，那就設定一組比較保守的「鏡頭校正」參數，方便套用在所有的照片中。

C> 儲存鏡頭校正預設集

1. 單響「預設集」按鈕
2. 單響「新增」按鈕
3. 顯示「新增預設集」對話框

Camera Raw 預設集

預設集可以保留「Camera Raw」程式中的所有設定，並將其組合成一個指令，方便我們重複套用在其他的圖片中。

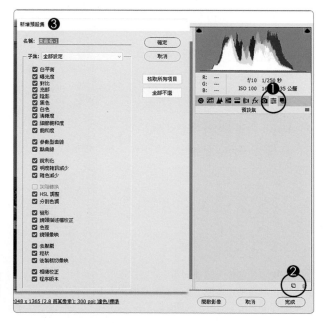

D> 建立預設集

1. 單響「全部不選」
   取消所有項目的勾選
2. 麻煩勾選「鏡頭描述檔
   校正」與「色差」兩項
3. 名稱「鏡頭校正 50」
4. 單響「確定」按鈕
5. 單響「取消」按鈕
   離開 Camera Raw

預設集的名稱要認真定義

鏡頭校正的扭曲量,我們調整為「50」所以
將「50」的數值放在預設集的名稱中。

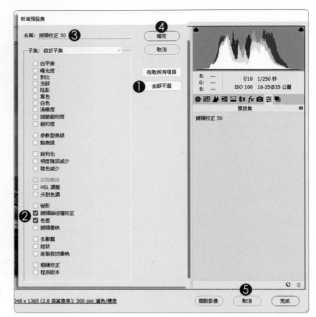

E> 選取所有的檔案

1. 回到 Bridge CC
2. 位於 Example\03 檔案夾
3. 功能表「編輯」
4. 執行「全部選取」
5. 選擇所有的圖檔

抓出需要「鏡頭校正」的照片

如果只有兩三張照片需要套用「鏡頭校正」
預設集,就不用「全選」了,按著 Ctrl 鍵不
放,單響需要套用的圖片縮圖就好了。

F> 開發設定

1. 選取的縮圖上
   單響「右鍵」
2. 單響「開發設定」選單
3. 單響「鏡頭校正 50」

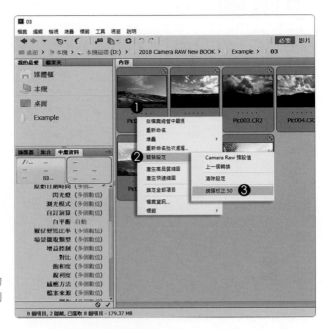

這樣就好了？

太簡單了 ... 同學反而懷疑（哈哈），沒錯，
這樣就能把「鏡頭校正」設定套用在所有的
照片中，不放心的同學，可以開啟照片到
Camera Raw 中，檢查一下。

G> 檢查一下

1. 隨便打開一張照片
   到 Camera Raw
2. 單響「鏡頭校正」按鈕
3. 沒錯！都設定好了
4. 單響「完成」按鈕
   離開 Camera Raw

這麼方便，也不早說 ...

在楊比比那個時代，小說大概要寫到第二
集男女主角才有牽手的機會（那是個深情
的舊時代呀）很多事得慢慢來，尤其是學
Photoshop，不能急，跟著楊比比就對了。

色階圖
與 Camera RAW 參數

色階圖由左至右分為「黑色、陰影、曝光度、亮部、白色」五個區塊，區塊
內的像素（或是稱為「畫素」）代表著影像的明暗，因此可以透過「色階圖」
中像素分佈的狀態，判定照片的明暗狀態，並修調照片的曝光。

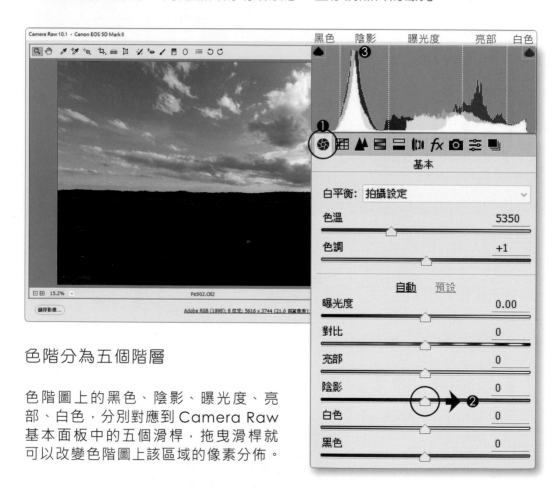

色階分為五個階層

色階圖上的黑色、陰影、曝光度、亮
部、白色，分別對應到 Camera Raw
基本面板中的五個滑桿，拖曳滑桿就
可以改變色階圖上該區域的像素分佈。

1. 位於 Camera Raw 視窗的「基本」面板中
2. 向右調整「陰影」滑桿
3. 就能改變「色階圖」中「陰影」區域的像素分佈

裁切構圖
與曝光控制

同學必須有個概念，如果打算重新構圖，記得「先裁切」照片後，再調整照片的曝光。因為「色階圖」中明暗分佈是依據編輯區的圖片，一旦圖片的大小或是範圍變更，色階圖也會跟著改，我們來看看下面的圖片。

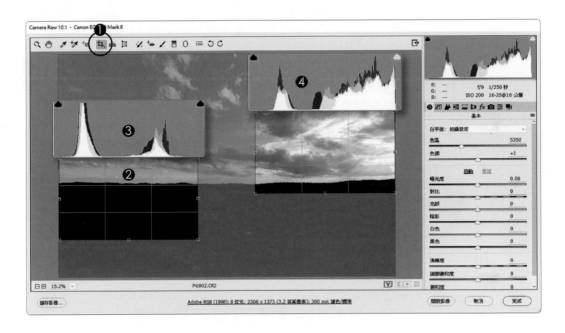

1. 單響「裁切工具」按鈕，編輯區中拖曳拉出裁切範圍
2. 透過裁切範圍
3. 同學可以看到色階圖上像素分佈的情況
4. 換一個裁切區域，可以發現色階圖的分佈完全不同

先確認好構圖範圍再調整曝光

除非照片真的很暗（像是拍螢火蟲），多數狀況下，建議同學先裁切，確認好構圖範圍後，再進行曝光調整，現在，可以準備動手進行曝光控制囉！

控制曝光（一）
提高暗部亮度

使用版本　Camera Raw 10.1
參考範例　Example\03\Pic002.DNG

色階圖「黑色、陰影、曝光度、亮部、白色」對應到「基本」面板。
滑桿往左「變暗」。滑桿往右「變亮」。

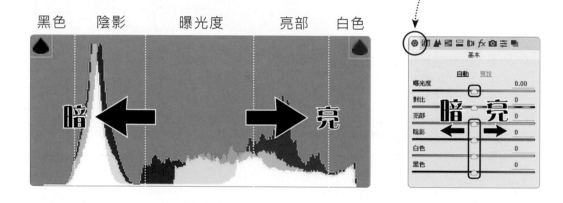

影像「暗部」包含的色階範圍：黑色、陰影、曝光度

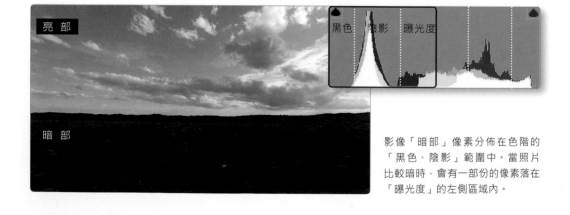

影像「暗部」像素分佈在色階的
「黑色、陰影」範圍中。當照片
比較暗時，會有一部份的像素落在
「曝光度」的左側區域內。

A> 開啟範例檔案

1. 範例檔案 Pic002.DNG
   開啟在 Camera Raw
2. 圖片像素明暗分佈
   顯示在色階圖中

還是得提醒一下

範例檔案放置在 Example\03 檔案夾中，記
得先下載範例檔案。另外，請單響「鏡頭校
正」面板，檢查「描述檔」標籤中是否已經
啟動「移除色差」與「鏡頭描述檔校正」。

提高暗部亮度第一招

B> 改善暗部：陰影

1. 向右調整「陰影」滑桿
   數值約為「+85」
2. 照片的暗部變亮了
3. 試著將指標移動到色階圖
   的陰影區域
4. 顯示「陰影」並標示數值

照片暗部就在「陰影」

記得楊比比這句話：「照片上如果暗，暗部
肯定落在『陰影』區域中，把「陰影」滑
桿往「右邊拉」就對了。

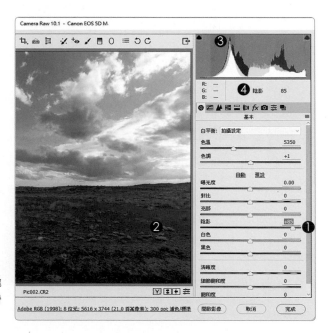

C> 還原輪廓：黑色

1. 向左調整「黑色」滑桿
   加強影像輪廓線條
   數值大約為「-24」
2. 將指標移動到色階圖左側
3. 顯示「黑色」
   與對應的參數值

照片的輪廓線條由「黑色」負責

向右提高「陰影」的亮度後，會拉走一部分
屬於輪廓線條的「黑色」畫素，所以得再拉
回去一點，至於要拉到什麼程度，等會聊。

D> 明暗的平衡桿：曝光度

1. 向右調整「曝光度」滑桿
   數值約為「+0.35」
2. 整張照片都亮起來
3. 色階畫素整體往右偏
   記得「往右」是亮喔

指標放在「色階圖」上

不僅可以顯示曝光區域的名稱，還可以試著
直接在「色階圖」中拖曳指標，改變該區域
的像素分佈，同學可以玩玩看。

E＞ 切換面板參數

1. 單響「面板預設值」按鈕
2. 照片會還原成原始狀態
   基本面板參數也恢復預設值
   再按一次「面板預設值」
   就能看到修改後的狀態

切換面板參數 Ctrl + Alt + P

這是一個常用的切換鍵，可以觀察目前面板
作用前 / 後的差異，同學可以多多利用。

F＞ 循環切換對比

1. 單響「循環切換」按鈕
2. 顯示「編輯前 / 修圖後」
   試著多按幾次「循環切換」
   直到變回單一畫面

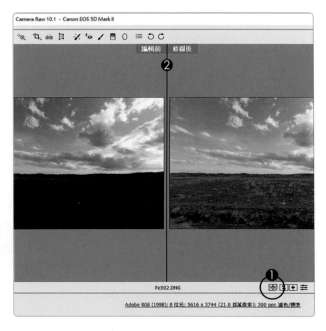

循環切換對比 Q

楊比比不太喜歡這個功能，得按好幾下按鈕
才能回到單一視圖的編輯狀態。需要經常比
對修改前 / 後差異的同學，可以使用快速鍵
「P」，就能快速檢視修改前後的狀態。

記得單響「完成」離開 Camera Raw。

控制曝光（二）
暗部看不出細節

使用版本　Camera Raw 10.1
參考範例　Example\03\Pic003.DNG

陰影最大亮度只有「+100」

照片暗部像素是落在「陰影」區域中，如果陰影已經拉到「+100」還是不夠亮（1），下一個步驟就是提高「曝光度」數值（2），把色階中的像素，像右邊（也就是亮部）移動，增加照片整體的亮度。

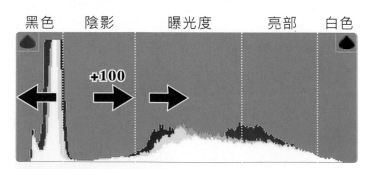

陰影調整到 +100 還是不夠亮
就繼續向右（往亮部）拖曳「曝光度」滑桿

A> 開啟範例檔案

1. 開啟 Pic003.DNG
2. 移動指標到圖片下方
3. 顯示 RGB 數值
   數值都很小
   表示很暗

為什麼 RGB 數值小，就是「暗」

RGB 是組成影像的三原色，RGB 數值越小
顏色越暗，當 RGB 數值都為「0」顯示出來
的就是純粹的「黑色」囉！

B> 提高暗部亮度

1. 記得囉
   提高偏暗區域的亮度
   第一步就是
   向右調整「陰影」滑桿
   卯起來拉到「+100」
2. 偏暗區域改善不少

陰影只有「+100」

滑桿拉到底，最大值也只有「+100」，所以
得另外找出路，我們來試試「曝光度」。

C> 偏暗的第二個步驟

1. 向右調整「曝光度」滑桿
   數值約為「+0.55」
2. 整體像素向右偏移
3. 連天空也亮了一些

曝光度會影響「亮部」

暗部畫素主要分佈在「陰影」與「黑色」兩
個區域中，一旦動到「曝光度」就會影響到
「亮部」區域的像素。

D> 拉回輪廓像素

1. 陰影滑桿向右（亮部）
   會帶走一部分表現輪廓的
   黑色像素
2. 向左調整「黑色」滑桿
   數值約為「-13」

請注意「暗部超出色域」記號

向左（往暗部）拖曳「黑色」滑桿時，請注
意色階圖的「暗部超出色域」記號（紅圈），
盡可能不要讓記號變成「白色」。

E> 觀察超出色域記號

1. 向左調整「黑色」滑桿
   數值大約到「-18」
2. 暗部超出色域記號
   變成藍色
   表示有部份「藍色」色版
   的像素過暗

正常的「超出色域」記號是「黑色」

色階圖左右兩側的「超出色域」記號，正常
為「黑色」，表示編輯區中的影像沒有像素
過暗或是過曝，這是最理想的狀態。

F> 檢查過暗範圍

1. 向左調整「黑色」滑桿
   數值約為「-33」
2. 暗部超出色域記號
   變成「白色」
   單響「暗部超出色域」記號
3. 編輯區中以藍色標示
   過暗的範圍

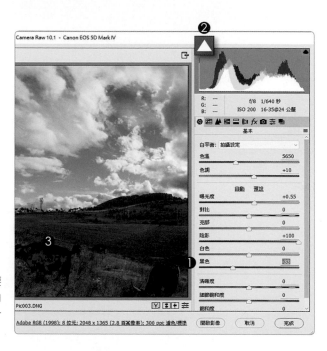

把「黑色」滑桿拉回去吧

向左（往暗部）拖曳「黑色」滑桿時，需要
觀察暗部超出色域記號，一旦記號變為「白
色」表示好幾個色版同時超出色域，這是一
警訊，麻煩往回拉「黑色」滑桿。

控制曝光（三）
加入點曲線

使用版本　Camera Raw 10.1
參考範例　Example\02\Pic004.DNG

控制暗部的主要參數「陰影」只有「+100」的調整量，為了擴大「陰影」的調整範圍，可以加入「色調曲線」的「點」模式進行控制，來看看使用的時機。

照片的像素主要落在色階圖「陰影」區間之中，「白色」與「亮部」兩個區間幾乎沒有畫素，這就是使用「點」曲線的好時機。

使用「點」曲線的時機

1. 區間中沒有像素時
2. 請單響「色調曲線」
3. 單響「點」標籤
4. 拖曳控制點
5. 像素延伸到白色區間
6. 單響「基本」
7. 提高「陰影」亮度

A> 開啟範例檔案

1. Camera Raw 視窗中
2. 開啟 Pic004.DNG
3. 看看色階圖
   白色與亮部幾乎沒有像素

曲線出手的時機

只要「白色」與「亮部」區域有一絲絲像素
就不適合使用「曲線」處理，但是現在，一
點都沒有，就是「曲線」出手的時機。

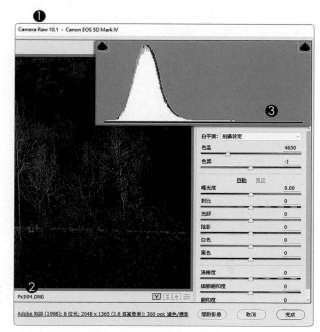

B> 縮減色階範圍

1. 單響「色調曲線」按鈕
2. 單響「點」標籤
3. 拖曳右上角的「點」
4. 沿著上方緩緩的向左側拖曳
5. 注意色階圖像素位置的改變
   像素接近白色區域
   就可以停止拖曳「點」

切換面板修改前後的差異

單響「面板預設值」按鈕（紅圈），能暫時
關閉面板調整，再按一次，能還原調整狀態。

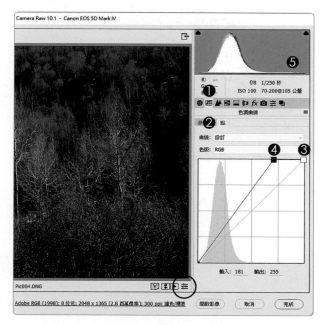

C> 來吧！先從「陰影」下手

1. 單響「基本」面板
2. 向右調整「陰影」滑桿
   數值約為「+52」
3. 暗部更亮
4. 色階圖也改變了

有興趣的可以試試

回到「色調曲線」的「點」標籤中，將剛剛
調整的控制點拉回右上角，同學就可以感受
到，沒有這個「點」差別可是很大的喔！

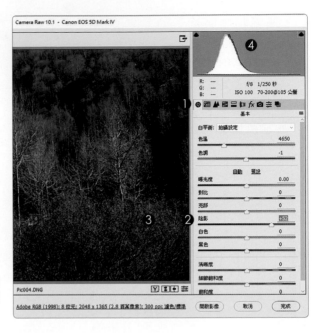

D> 拉回輪廓像素

1. 位於「基本」面板中
2. 向左調整「黑色」滑桿
   數值約為「-12」
3. 陰影向右打亮暗部後
   會帶著一部分黑色像素
   所以得把黑色拉回來一些

注意暗部超出色域記號（紅圈）

黑色是最標準的，但只要不是「白色」（多
個色版超出色域），其他顏色都可以接受。

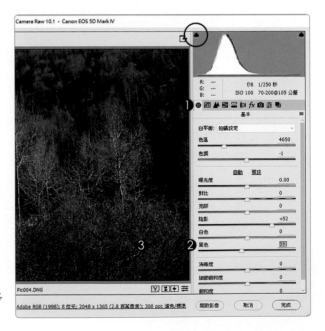

E › 平衡明暗

1. 位於「基本」面板
2. 向右調整「曝光度」滑桿
   數值約「+0.20」
3. 整個色階向右（往亮部）
   偏移
4. 照片整體變亮

曝光度依據個人愛好調整

曝光度像是翹翹板中的平衡桿，同學可以依
據對於明暗的愛好進行調整，不要過亮就好。

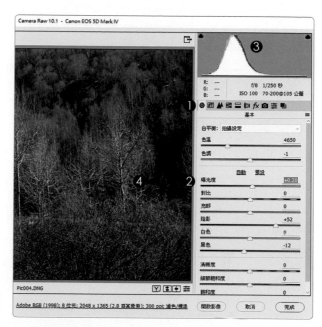

F › 整體修改前 / 後

1. 關閉中文輸入法
   按下「P」按鍵
   等於同時關閉
   色調曲線與基本兩個面板
   能看到照片原始的狀態
   再按一次「P」
   回到修改後的狀態

Camera Raw 常用快速鍵

P：整體修改前 / 後
F：Camera Raw 視窗全螢幕切換
Alt + Ctrl + Z：回到上一個步驟

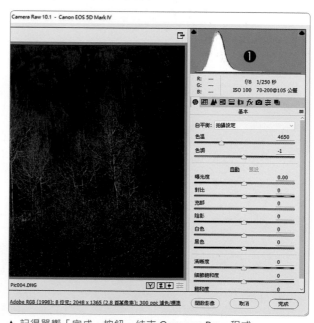

▲ 記得單響「完成」按鈕，結束 Camera Raw 程式。

控制曝光（四）
改善亮部過曝

使用版本　Camera Raw 10.1
參考範例　Example\03\Pic005.JPG

控制暗部：主要的滑桿為「陰影」、「黑色」、「曝光度」

控制亮部：主要的滑桿為「亮部」、「白色」、「曝光度」

▲ 亮部能改善「過曝」

圖片開啟在 Camera Raw 中視窗中，必須先觀察色階分佈，與左右兩側的「超出色域」記號，以目前圖來說，亮部（紅圈）超出色域記號顯示「白色」表示好幾個色版的像素同時超出色域，這就是「過曝」。

A> 檢查超出色域範圍

1. 開啟 Pic005.JPG
2. 單響亮部「超出色域」記號
3. 顯示亮部超出色域的範圍
   也就是「過曝區域」

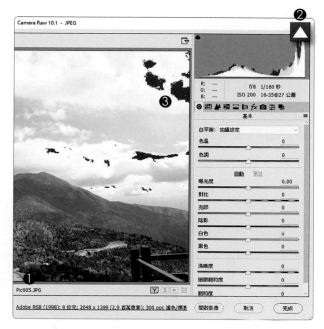

超出色域記號的顏色

正常是「黑色」沒有畫素超出色域，如果是
「紅色、藍色、黃色」等等，表示特定色版
中的像素超出色域，最嚴重的是「白色」，
表示好幾個色版中的像素，同時超出色域。

B> 校正亮部的第一步

1. 單響「基本」面板
2. 向左（暗部）調整「亮部」
   數值約為「-28」
3. 標示紅色的過曝區域消失了
4. 亮部超出色域記號
   也變為「黑色」囉
   單響記號關閉檢視

記得要關閉「超出色域」的標示

記得單響「超出色域」記號按鈕，關閉超出
色域的標示，免得下次開啟 Camera Raw
視窗時，被超出色域的紅色標示嚇一跳。

C> 增加亮部細節

1. 亮部像素很多
2. 向左（暗部）調整「亮部」
   數值約「-78」
3. 雲層的細節更明顯了

拍照可以略為暗一些

夥伴們都知道，拍照最忌諱「亮」，太亮就
沒有細節，建議同學們拍照時，可以偏暗一
些，會有更完整的影像細節。

D> 增加照片的明亮度

1. 亮部壓暗之後
   會帶走照片中明亮的像素
   所以（開始囉）
   向右（亮部）調整「白色」
   數值約「+16」
   增加照片的明亮度

能抓到一些調整曝光的邏輯了吧

陰影打亮後，需要以「黑色」加強輪廓像素；
亮部降低亮度後，也要增加「白色」，藉以
恢復照片的明亮度。

E> 可以略為暗一些

1. 向左（暗部）調整「曝光度」
   數值約為「-0.25」
2. 雲朵的層次與細節更明顯

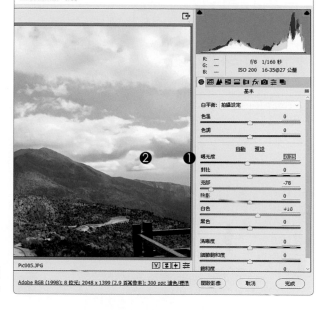

是不是覺得「曝光度」很難做人（哈）

其實也沒有這麼難，Camera Raw 還有局
部控制工具可以協助曝光處理，我們慢慢聊。

F> 改善暗部

1. 地面有點偏暗
2. 向右（亮部）調整「陰影」
   數值約為「+25」
3. 向左（暗部）調整「黑色」
   數值約為「-32」
4. 單響「完成」結束編輯

觀看修改前後的差異

關閉中文輸入法，按下「P」，便可以切換
整張照片在 Camera Raw 視窗中修改前後
的差異，同學記得多多使用。

控制曝光（五）
明暗高反差

使用版本　Camera Raw 10.1
參考範例　Example\03\Pic006.DNG

經過幾個範例的練習，同學應該發現了，Camer Raw 的曝光控制就是將「暗部」與「亮部」分開處理，換句話說「高反差」並不是太麻煩的問題。

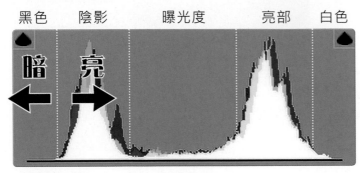

建議由「暗部」曝光開始調整

「陰影」滑桿往右（往亮部），增加暗部的亮度。
「黑色」滑桿往左（往暗部），加強影像的輪廓。

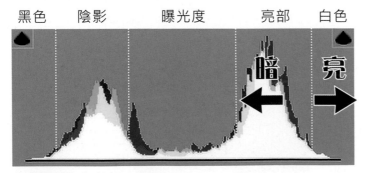

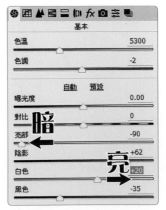

繼續調整「亮部」曝光

「亮部」滑桿往左（往暗部），增加亮部的細節。
「白色」滑桿往右（往亮部），加強影像明亮度。

A> 標準的高反差色階圖

1. 暗部沒有超出色域
2. 亮部沒有超出色域
3. 但是「黑色」沒有像素

這就是「反差」

色階圖上左右兩側明顯的「小山峰」，這就
是標準的「高反差」，暗部與亮部各據一個
山頭，來吧！一起動手進行曝光調整。

B> 先把黑色補起來

1. 單響「色調曲線」按鈕
2. 單響「點」標籤
3. 沿著底部拖曳曲線點
   到像素邊緣

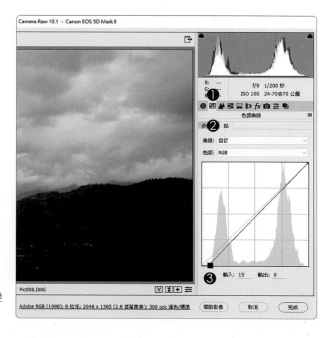

預留一點「基本」曝光的修正空間

拖曳控制點時，要注意上方「色階圖」的變
化，不要讓像素太貼近色階邊緣。

C> 減少反差

1. 單響「基本」面板
2. 向左調整「對比」滑桿
   數值約為「-20」
3. 明暗兩個山頭會拉近一點

左右拖曳「對比」滑桿

「對比」控制了「陰影」與「亮部」兩個區間，因此調整「對比」滑桿，可以調整「陰影」與「亮部」兩個區域的像素。

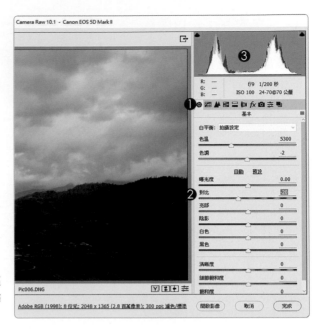

D> 改善暗部曝光

1. 向右（亮部）調整「陰影」
   數值約為「+78」
2. 向左（暗部）調整「黑色」
   數值約為「-28」
3. 暗部不要超出色域
4. 改善地表偏暗

一定要從「暗部」開始嗎？

暗部打亮了之後，比較容易控制接下來的色調與層次。因此，楊比比習慣由「暗部」開始進行曝光調整，只是個人習慣（抓頭）！

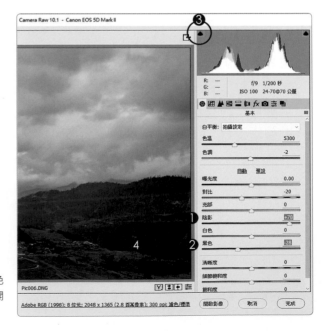

E> 增強亮部細節

1. 向左（暗部）調整「亮部」
   數值約為「-62」
2. 向右（亮部）調整「白色」
   數值約為「+28」
3. 不要超出色域
4. 增加了雲層的細節

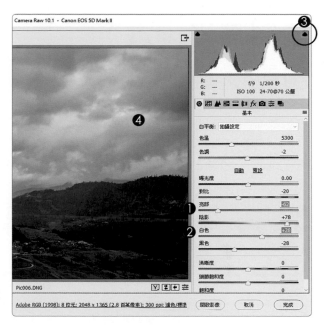

需要調整「曝光度」嗎？

曝光度是照片明暗的「天平」，同學可以試著拖曳「曝光度」滑桿，改變整體的明暗。

F> 增加立體感

1. 向右調整「清晰度」滑桿
   數值約為「+25」
2. 增加照片的立體感
3. 單響「完成」按鈕
   結束 Camera Raw 程式

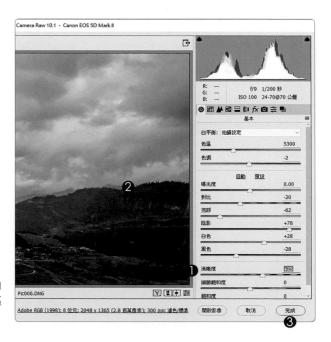

清晰度

清晰度滑桿控制的是色階圖中「黑色」與「白色」兩個區域，數值越大，「黑白」兩個區域中的像素會越多，同時也容易超出色域。

控制曝光（六）
自動處理

使用版本　Camera Raw 10.1
參考範例　Example\03\Pic007.DNG

使用 Camera Raw 10.1（是 10.1 喔）的同學，一定要試試改版後的「自動」曝光處理，超神的，連「細節飽和度」與「飽和度」都能控制，厲害喔！

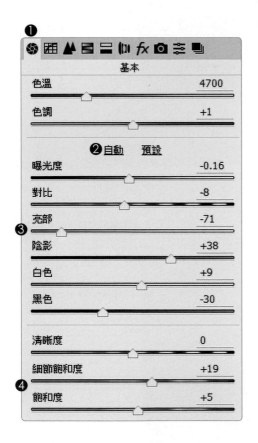
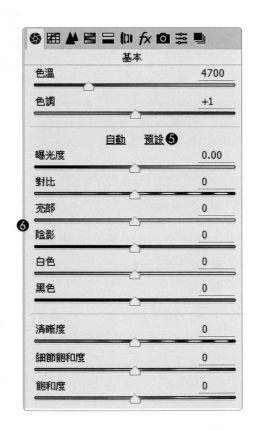

1. 位於「基本」面板中	4. 也能控制兩組「飽和度」參數
2. 單響「自動」	5. 單響「預設」
3. 自動調整曝光參數	6. 基本面板參數歸零

A > 先看色階

1. 黑色區域沒有像素
2. 亮部「超出色域」
   是很嚴重的白色
   白色是指好幾個色版的像素
   同時過曝

肯定是中間的星芒

同學可以試著單響「白色」的亮部超出色域
記號，就能看到以紅色標示的過曝範圍，記
得再按一次「超出色域」記號，關閉標示。

B > 全自動曝光

1. 位於「基本」面板中
2. 單響「自動」
3. 自動調整面板中的曝光參數
4. 包含兩個飽和度滑桿
5. 不包含「清晰度」參數

「細節飽和度」與「飽和度」的差異？

兩者採用完全不同的運算方式，簡單的說，
「細節飽和度」比較溫和，「飽和度」比較
強烈，只要看看「自動」調整後，兩個參數
之間的落差，就知道「飽和度」口味比較重。

C > 微調「亮部」

1. 位於「基本」面板
2. 啟動「自動」之後
   亮部「超出色域」記號
   顯示「洋紅色」
3. 向左（暗部）調整「亮部」
   數值約為「-85」
4. 超出色域記號顯示「黑色」

為什麼不一開始就「自動」？

玩單眼不是也玩「M」模式嗎（哈哈），一
定要先知道曝光調整的邏輯，才能玩「自
動」，否則就不知道參數的作用了。

D > 清晰度：增加立體感

1. 位於「基本」面板
2. 向右增加「清晰度」
   數值約為「+20」

清晰度影響「黑色」與「白色」

增加「清晰度」數值時，會將像素移往「黑
色」與「白色」兩個區域，因此調整時，需
要注意色階圖兩側的「超出色域」記號。

E> 恢復預設值

1. 位於「基本」面板
2. 單響「預設」
3. 參數全部歸零
4. 自動曝光不包含「清晰度」
   所以恢復預設值時
   清晰度也不動

預設：曝光參數歸零

即便手動調整「基本」面板中的參數，單響
「預設」仍然可以讓面板中的參數歸零。

F> 單一參數歸零

1. 雙響「清晰度」滑桿
   數值立即歸零
2. 單響「取消」按鈕
   結束 Camera Raw 程式

好玩吧

Camera Raw 10.1 的自動曝光，加入了很
多攝影師的意見，不再以平均色階的方式處
理像素，改善了「自動」後偏亮的狀態。

自動　　與
半自動曝光

Camera Raw 曝光控制分為「手動」、「自動」與「半自動」。手動就是我們之前玩的，由「陰影→黑色」、「亮部→白色」純手工操作，就是相機的「M」模式；還有 Camera Raw 10.1 更新後的「自動」與「半自動」同學也要玩玩。

全自動曝光 單響「自動」

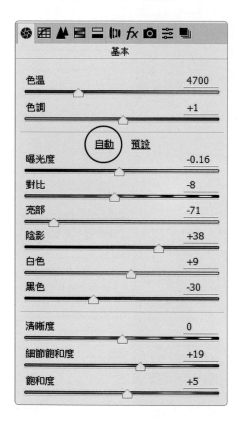

半自動曝光 Shift + 雙響滑桿

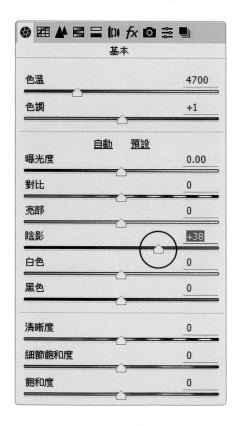

基本面板中，單響「自動」，可以調整「自動」以下的所有參數，但不包含「清晰度」。單響「預設」，可以讓面板上的參數歸零，仍然不包含「清晰度」。

對於參數沒有把握時，可以試試「半自動」曝光。按著 Shift 鍵不放，雙響參數滑桿（紅圈）Camera Raw 就能給出一個還不錯的建議，同學試試。

飽和度 與
細節飽和度

如果用最簡單的方式進行分類，「飽和度」是以一種很霸道的方式，提高顏色彩度，對於人像膚色的影響極大。「細節飽和度」就溫和多了，對於膚色的影響有限。有概念了吧！現在來談談兩者的運算方式，不難，放心。

細節飽和度 +0

鮮艷度 S：63%

細節飽和度 +100

鮮艷度 S：77%

細節飽和度對於顏色鮮艷度的提高是非常有分寸的，以門扣上橘色的哈達來說，原始圖片的鮮艷度（S）為 63%，細節飽和度拉到 100%也只增加了 15%，適度保護顏色。

飽和度 +50

鮮艷度 S：100%

飽和度 +100

鮮艷度 S：100%

飽和度拉到 50，橘色哈達上的鮮艷度就提高到了「100%」；飽和度增加到了 100，鮮艷度雖然還是顯示「100%」但顏色很明顯的已經出現「裂化」的狀態，爆了！

提高並保護
色彩鮮艷度

使用版本　Camera Raw 10.1
參考範例　Example\03\Pic008.DNG

以風景照片來說，只要曝光與白平衡正確，顏色就會真實而自然；若是透過「飽和度」拉高影像中顏色的「鮮艷度」，不論多寡，總會顯得有些不自然。

學習重點

1. 自動 / 半自動曝光（Shift + 雙響滑桿）控制。
2. 測試「飽和度」與「細節飽和度」對顏色鮮艷度的影響。
3. 雙響滑桿：使單一滑桿參數「歸零」。

A> 開啟範例檔案

1. 開啟 Pic008.DNG
2. 暗部超出色域記號「藍色」
   表示有部份藍色色版像素
   超出色域（過暗）

亮部沒事

亮部「超出色域」記號，為標準的「黑色」
表示沒有任何亮部畫素超出色域（過曝）。

B> 自動曝光

1. 位於「基本」面板中
2. 單響「自動」按鈕
3. 自動修調下的六組參數
   外加「細節飽和度」
   與「飽和度」共八組

自動 / 半自動 都不包含「清晰度」

「清晰度」能增加照片的「層次」與「立體感」，對於畫素修改的幅度比較大，所以不納入「自動」控制的範圍。

C> 檢查超出色域範圍

1. 單響暗部「超出色域」記號
2. 門扣處標示「藍色」
   過暗範圍

過暗面積不大

就這麼一小點點，完全不用擔心，也不需要特別調整主管暗部的「陰影」與「黑色」滑桿，記得再次單響「超出色域」記號，關閉過暗區域的藍色標示。

D > 細節飽和度

1. 位於「基本」面板
2. 向右增加「細節飽和度」
   數值約為「+100」

細節飽和度能適度保護膚色

細節飽和度能提高「比較不鮮艷」顏色的飽
和度，對於很鮮艷的顏色，包含膚色，會降
低修改的幅度，能適度的保護皮膚色調。

E > 飽和度

1. 雙響「細節飽和度」滑桿
   使參數「歸零」
2. 向右增加「飽和度」
   數值拉到「+100」

瞬間顏色變得非常鮮艷

這是一種非常「重口味」的修圖方式，不建
議使用，過份濃烈的顏色，雖然非常刺激視
覺，引人注目，但「過飽和」很容易造成照
片像素裂化，破壞影像細節，少量為佳。

F> 增加照片鮮艷度

1. 向右增加「細節飽和度」
   數值約為「+50」
2. 按著 Shift 不放
   雙響「飽和度」滑桿
   半自動給的建議數值「+3」

半自動給的建議也很保守

飽和度對於顏色鮮艷度的破壞性比高，所以
「半自動」給出的數值很小，只有「+3」。

G> 增加照片的立體感

1. 向右增加「清晰度」
   數值約為「+30」
2. 單響「完成」按鈕
   結束 Camera Raw 視窗

注意超出色域記號

由於「清晰度」更動的是「黑色」與「白色」
兩個區間內的像素，因此拖曳「清晰度」滑
桿時，請特別注意色階圖左右兩側的「超出
色域」記號，不要變成「白色」。

更需要重視細節
的夜景曝光

使用版本　Camera Raw 10.1
參考範例　Example\02\Pic009.DNG

楊比比是資格老牌子好的家庭主婦，天天都要做晚飯，還要帶便當，晚上實在不方便出門，但為了這個範例，還是扛了腳架溜到中信大樓拍了一個小時。

學習重點

1. 夜景曝光要訣為：暗部有細節，亮部不過曝。
2. 按著 Alt 不放，略為拖曳「黑色」滑桿，編輯區能顯示出偏暗範圍。
3. 手動曝光程序：「陰影→黑色」、「亮部→白色」。適度調整「曝光度」。

A> 開啟範例檔案

1. 開啟範例檔案 Pic009.DNG
2. 超出色域記號顯示「白色」
   單響暗部超出色域記號
3. 看不到標示為「藍色」
   的過暗區域

白色表示好幾個色版同時超出色域

這麼嚴重怎麼會找不到標示區域呢？那表示範圍太小，或是不明顯，我們換一招試試。

B> 標示過暗範圍

1. 位於「基本」面板
2. 按著 Alt 不放
   略為拖曳「黑色」滑桿
3. 編輯中標示出有顏色的區域
   就是過暗範圍
   可以放開 Alt 按鍵了

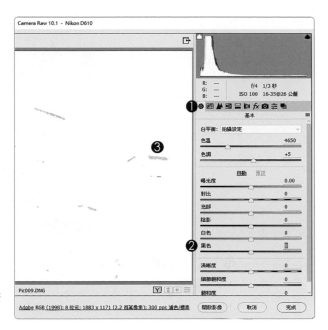

不同的顏色表示不同的色版

按著 Alt 鍵不放，拖曳「黑色」能標示出所有在暗部超出色域的像素，可以多試幾次。

C> 暗部曝光

1. 向右（亮部）調整「陰影」
   數值約為「+100」
2. 向右（亮部）調整「曝光度」
   數值約為「+1.6」

陰影最亮也只有 +100

當陰影調整到最亮，暗部細節還是不夠，必須接著調整「曝光度」，增加暗部細節。

D> 黑色：強化輪廓線

1. 向左（暗部）調整「黑色」
   數值約為「-8」
2. 拖曳「黑色」滑桿時
   注意暗部「超出色域」記號
   不要變成白色的

講一下中信大樓的紅色 LOGO

楊比比拍夜景技巧不夠好，中信的 LOGO
（紅圈）爆了，這種先天不足的狀態，是無
法靠後製補救的，只能另外拍一張來疊，疊
圖是 Photoshop 的管區！

E> 亮部曝光

1. 向左（暗部）調整「亮部」
   數值約為「-80」
2. 向右（亮部）調整「白色」
   數值約為「+12」
3. 注意「超出色域」記號
   不要變成「白色」的喔

記得亮部曝光的邏輯吧

「亮部」滑桿往左，會帶走一部分表現照片
明亮的「白色」像素，因此降低「亮部」數
值後，要往右拉一些「白色」。

F> 增加立體感

1. 向右增加「清晰度」
   數值約為「+32」
2. 注意色階兩側超出色域記號
   不要變成「白色」

留心「清晰度」控制的範圍

清晰度控制的是「黑色」與「白色」兩個區間的像素，因此增加「清晰度」時，一定要特別注意色階圖兩側的「超出色域」記號。

G> 半自動提高鮮艷度

1. 按著 Shift 不放
   雙響「細節飽和度」滑桿
2. Shift 不要放開
   繼續雙響「飽和度」滑桿
3. 單響「完成」按鈕

曝光一點都不難

楊比比超會洗腦的吧！唸了幾十頁，相信同學都掌握了「暗部」與「亮部」曝光的調整程序，並了解曝光與半自動曝光的方式。

惡補課程
修片程序

使用版本　Camera Raw 10.1
參考範例　Example\02\Pic010.DNG

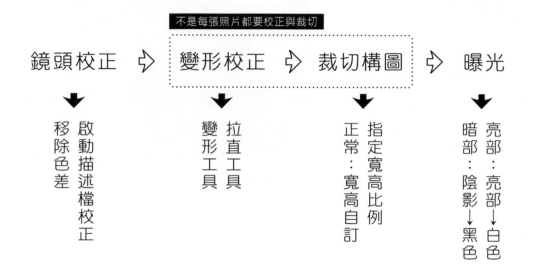

不是每張照片都要校正與裁切

鏡頭校正 ⇨ 變形校正 ⇨ 裁切構圖 ⇨ 曝光

啟動描述檔校正
移除色差

拉直工具
變形工具

指定寬高比例
正常：寬高自訂

亮部：亮部→白色
暗部：陰影→黑色

半自動處理 / 立體感 / 飽和度處理程序

楊比比怕同學看過就忘，所以整合了教學，建立了自己專屬的學習網，有時間的同學，可以到楊比比的學習網看看，用聽的，應該更容易記住，來吧！讓我們再複習一次自動曝光、立體感與飽和度的控制程序。

半自動：按著 Shift 不放，雙響滑桿。（不包含「清晰度」）

清晰度：增加影像的立體感，增加時注意超出色域記號。

飽和度：盡量使用半自動方式控制，飽和度太高會造成像素裂化。

細節飽和度：能保護膚色，並且不會造成過飽和的狀態，建議使用。

A> 從頭來一次

1. Adobe Bridge CC
2. 位於 03 檔案夾中
3. 單響 Pic010.DNG 縮圖
4. 單響「在 Camera Raw 中開啟」按鈕

很熟吧

相信同學只要看紅色標題，就可以完成接下來的幾個步驟，沒問題吧！加油！

B> 鏡頭校正

1. 單響「鏡頭校正」面板
2. 單響「描述檔」標籤
3. 勾選「移除色差」
   勾選「啟動描述檔校正」
4. 扭曲校正量降低為「20」

保留「魚眼」的張力

啟動鏡頭描述檔校正後，會將魚眼校正為「超廣角」，這樣的校正量似乎太大，建議降低「扭曲」校正量，以保留魚眼的張力。

C> 變形校正

1. 單響「變形工具」
2. 單響「水平」校正
3. 照片稍稍轉動了一下

照片偏暗不容易觀察

先維持目前的校正狀態，等「曝光」調整完成後，如果覺得角度不理想，可以再回到「變形工具」面板中，調整「旋轉」參數。

D> 裁切構圖

1. 按著「裁切工具」按鈕不放
2. 直到選單出現
   才能放開按鈕
   單響「9 比 16」
3. 拖曳拉出裁切範圍
   範圍調整好之後
   按下 Enter 結束裁切工具

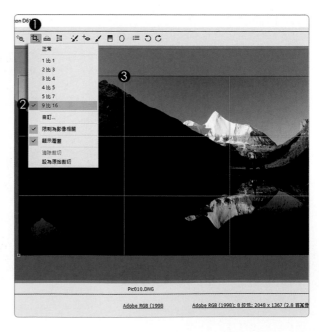

複習「裁切工具」常用功能鍵

Enter：結束裁切
ESC：取消裁切
X：交換寬高比例

E> 暗部曝光

1. 單響「基本」面板
2. 向右（亮部）調整「陰影」
   數值約「+100」
   陰影已經拉到最高
   還是不夠亮
3. 向右（亮部）調整「曝光度」
   數值約「+0.40」

陰影不一定要拉到 +100

楊比比建議，只要「陰影」調整到「+85」
以上，就可以考慮增加「曝光度」的數值了。

F> 加強輪廓線

1. 向左（暗部）調整「黑色」
   數值約為「-20」
2. 注意暗部「超出色域」記號
   不要變成「白色」就好

複習「超出色域」記號

黑色：沒有像素超出色域
白色：多個色版像素過暗（需要修復）
其他色彩：單一色版像素過暗（可以包容）

G> 亮部曝光

1. 位於「基本」面板
2. 向左（暗部）調整「亮部」
   數值約為「-30」
   亮部像素向左移動
   會帶走一部分白色像素
3. 向右（亮部）調整「白色」
   數值約為「+18」

數值不可能一次到位

基本面板中的曝光參數會彼此影響，調整的
過程中，同學可以隨時修正面板中的曝光參
數，以達到自己喜愛的曝光狀態。

H> 清晰度：增加立體感

1. 位於「基本」面板
2. 向右增加「清晰度」
   數值約為「+25」

清晰度也會影響色階分佈

目前的暗部「超出色域」記號，顯示「黃
色」，表示「黃色」色版中有部份像素過暗，
還好不是「白色」，不用太在意，如果堅持
要維持「暗部超出色域」為「黑色三角形」
的同學，可以略為減少「黑色」數值。

I> 半自動飽和度

1. 按著 Shift 不放
   雙響「細節飽和度」滑桿
   不要放開 Shift 按鍵
2. 雙響「飽和度」滑桿
   可以放開 Shift 囉

數值歸零

基本面板中單響「預設」（紅圈），可以使
六組曝光參數與兩組飽和度數值歸零。

J> 結束 Camera Raw

1. 單響「儲存影像」按鈕
   依據對話框設定另存新檔
2. 檔案儲存完畢後
   單響「完成」按鈕
   保留編輯數據
   並結束 Camera Raw

儲存影像

儲存影像對話框中的設定不少，麻煩同學堅
持一下，翻頁繼續進行「儲存影像」的各項
參數設定。最後兩頁，加油喔！

儲存為
網頁用格式

放置在網頁中、Facebook 與 Instagram 這些經由電腦螢幕或是手機觀看的圖片,都可以使用「儲存選項」對話框中的設定來指定圖片品質並存檔。

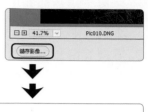

指定儲存的檔案夾

指定檔案名稱

網頁格式 JPG

螢幕觀看品質「8」

網頁常用色彩空間
為 sRGB

勾選重新調整大小
使用「長邊」

勾選銳利化
使用「濾色」

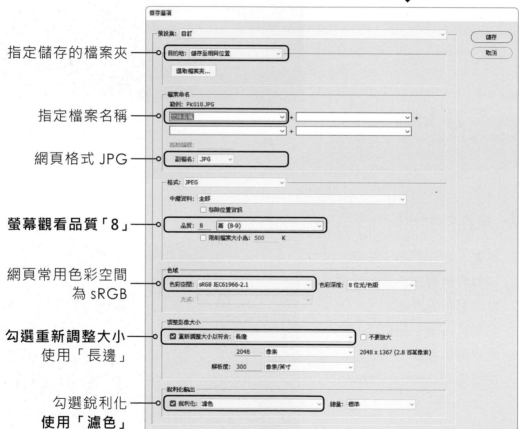

需要調整「解析度」嗎?

電腦螢幕與手機「解析度」都是固定,不會因為我們拉高了「解析度」而顯得更清晰,因此,同學只要確定好「長邊」的尺寸與單位「像素」就可以囉!

儲存為
沖洗或印刷格式

需要「沖印」的照片，記得先以「裁切工具」將需要的比例剪裁出來；例如要沖洗「4x6」的照片，必須先以「裁切工具」裁剪為「2 比 3」，確認好輸出的比例後，再依據下面的數值，進行檔案儲存的設定。

指定儲存的檔案夾

指定檔案名稱

網頁格式 JPG

沖印品質「10-12」

網頁常用色彩空間
為 sRGB

不用勾選

300 像素 / 英寸

勾選銳利化
使用「光面紙」

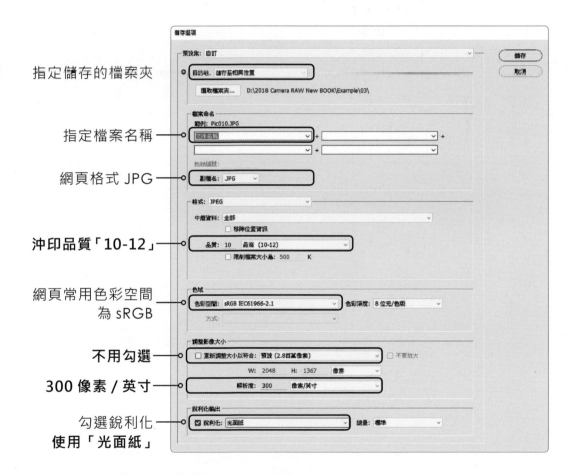

注意左右兩頁「粗黑體」字

沖印照片與網頁觀看的檔案儲存程序非常接近，同學們只要主意楊比比以「粗黑體」字標示出來的差異就可以囉！現在可以準備進入下一個「色調」單元囉！

04 超質感
影像色調

2017/10/17, 07:44am Canon 5D IV
梅里雪山 / 海拔 3461m
1/40 秒 f/13 ISO 320
Photo by 江 淑玫

Camera RAW
調整色調的方式

Camera Raw 色調的玩法很多，我們得專心的看，頁數有限，前面的「鏡頭校正」、「變形」就不聊了，同學要找時間回頭複習這些內容，每天抓一個範例出來練習，應該就沒有問題了；現在我們來看看 Camera Raw 的色調。

鏡頭校正 ⇨ 變形校正 ⇨ 裁切構圖 ⇨ 曝光 ⇨ 色調

色調功能沒有先後順序

色調不像我們之前練習的「鏡頭校正」、「變形控制」、「裁切構圖」有一定的使用順序。色調必須依據影像狀態，適度調整，也因此，同學必須學會每一款色調使用的方式，才能在適當的時候，使用適合的「色調」指令。

白平衡

色溫／色調

白平衡工具

相機校正

色調曲線

色相／飽和度／明度

灰階模式

分割色調

顏色取樣器與 RGB 分佈

色階圖下方（紅框）會顯示目前指標所在位置的 RGB 數值。同學也可以透過顏色取樣器（紅圈）單響編輯區中的影像，同樣能看到 RGB 分佈狀態。

JPG 與 RAW
的色調支援度

Adobe 是目前影像處理界的王牌首選，相機廠商肯定會捧著資源過來拜碼頭，可惜（搖頭）Camera Raw 提供給 JPG 的支援度實在太低，不論是「白平衡」的設定，或是「相機校正」的色調控制，都少的可憐，來看看。

RAW 格式 白平衡選單

JPG 格式 白平衡選單

RAW 格式的白平衡選單跟相機一樣，但是 JPG 就寒酸多了，除了預設的「拍攝設定」就只有「自動」與「自訂」兩項。來看看另一個「鏡頭校正」選單。

RAW 格式 相機校正選單

RAW 格式 相機校正選單

白平衡
色溫與色調

使用版本　Camera Raw 10.1
參考範例　Example\04\Pic001.DNG

記得在東北拍照時，零下二、三十度的低溫，腦子都凍糊塗了，能按下快門就算成功了，根本沒辦法調整相機的其他部份，還好有 Camera Raw。

學習重點

1. 使用「色調曲線」中的「點」模式，補足色階中缺少的部份。
2. 手動曝光程序：「陰影→黑色」、「亮部→白色」。
3. 使用「白平衡」選單中的各個項目，並搭配「色調」與「色溫」調整顏色。

A > 開啟範例檔案

1. 開啟 04 \ Pic001.DNG
2. 超出色域記號為「黑色」
3. 但「白色」與「亮部」
   幾乎沒有像素

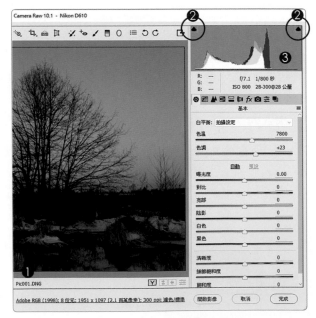

曝光先？還是色調先處理？

很難說，但楊比比習慣先調整「曝光」，抓出接近於真實的明暗之後，再調整色調。

B> 點曲線模式

1. 單響「色調曲線」按鈕
2. 單響「點」標籤
3. 沿著上方拖曳控制點
4. 注意色階圖中像素的位移
   不要讓像素太貼近右側

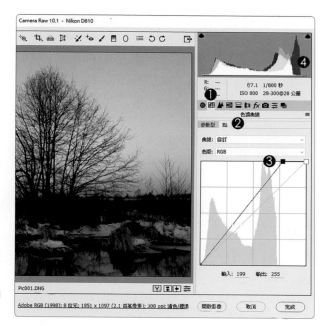

點曲線使用的時機

同學要記得，當色階少了「黑色」或是「白色」像素時，就是點曲線出手的好時機。

C> 暗部曝光

1. 單響「基本」面板
2. 向右（亮部）調整「陰影」
   數值約為「+60」
3. 向左（暗部）調整「黑色」
   數值約為「-20」
4. 拖曳「黑色」滑桿時
   注意暗部「超出色域」記號
   不要變成白色的

照片是清晨拍的

太陽還沒出來，別把陰影拉的太亮，否則就感受不到日出前那溫潤的色調了。

D> 亮部曝光

1. 向左（暗部）調整「亮部」
   數值約為「-72」
2. 向右（亮部）調整「白色」
   數值約為「+25」
3. 注意「超出色域」記號
   不要變成「白色」的喔

可以使用「自動」嗎？

使用「色調曲線」的「點」模式，改變了色
階的分佈之後，基本面板中的「自動」就抓
不準了，建議同學不要使用。

E> 增加立體感

1. 位於「基本」面板中
2. 向右增加「清晰度」
   數值約為「+28」

清晰度能增加影像的立體感與層次

增加「清晰度」時，會將像素往「黑色」與
「白色」兩側推，因此，記得觀察色階圖的
超出色域記號，不要變成「白色三角形」。

F> 白平衡選單

1. 位於「基本」面板
2. 單響「白平衡」選單
3. 單響「多雲」

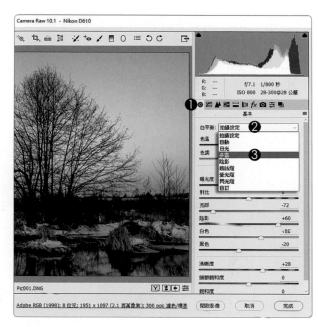

白平衡

白平衡選單中提供多種色調組合，同學可以每一項都試試，看看有沒有更適合的。

G> 自訂白平衡

1. 調整「色溫」為 8900
2. 調整「色調」為 +10
3. 色階圖色版中的像素有了明顯的改變
4. 單響「完成」按鈕結束 Camera Raw

半自動「細節飽和度」

按著 Shift 按鍵不放，雙響「細節飽和度」滑桿，稍稍增加照片色彩的鮮艷度。

白平衡工具
校正色偏

使用版本　Camera Raw 10.1
參考範例　Example\04\Pic002.DNG

A> 開啟範例檔案

1. 開啟 Pic002.DNG
2. 超出色域記號為「紅色」
   表示紅色色版的像素
   超出暗部色域
3. 色階圖中
   白色、亮部、曝光度
   幾乎沒有像素

先不急著調整「點曲線」

已經更新為 Camera Raw10.1 的同學，可
以多多使用改良後的「自動」曝光。

B> 自動曝光

1. 位於「基本」面板
2. 單響「自動」
3. 調整六項曝光參數
4. 包含「細節飽和度」
   與「飽和度」

還原參數設定

雖然「細節飽和度」與「飽和度」數值不算
太高，但這「藍色」也「藍」的太嚇人，我
們還是先將兩項參數，恢復預設值。

C> 單一數值恢復預設值

1. 雙響「細節飽和度」滑桿
   數值歸零
2. 雙響「飽和度」滑桿
   數值歸零

拍攝時間上午 06：48

雖說太陽還沒有出來，但顏色也太藍了，肯
定是自己調整了相機白平衡的 K 數。

D > 自動白平衡

1. 位於「基本」面板
2. 白平衡「自動」
3. 哇！怎麼變成這樣 ...

自動白平衡不見得好

等會找一個頁面，把 Bridge「中繼資料」面板中的拍攝資訊圖示說明一下，同學就能看懂，拍攝當下照片所使用的白平衡模式。

E > 白平衡工具

1. 單響「白平衡工具」按鈕
2. 單響小木屋頂上的雪
   噹啷！如何（超讚的啦）

色溫 / 色調

使用「白平衡工具」單響照片中需要變成「白色」或是「灰色」的區域，Camera Raw 就會自動修正基本面板中的「色溫」與「色調」產生平衡的色調。

F> 顏色取樣器工具

1. 單響「顏色取樣器工具」
2. 單響木屋頂上的積雪
3. 顯示 RGB 數值

RGB 數值完全相同

RGB 數值相同，或是差異在 10 左右，就表示沒有太突出色版，也就是說，目前測量的區域屬於「白色到灰色」之間，這就是「白平衡」囉，換個地方，再測試一次。

G> 增加顏色取樣點

1. 位於「顏色取樣器工具」
2. 單響雪地
3. 透過第二個取樣點
   可以發現「藍色 B：185」
   數值最高
   表示此處略為偏藍

調整取樣點

偏藍的部份可以留到後面的局部控制再處理，同學別擔心。現在請使用「顏色取樣器工具」拖曳編輯區中的取樣點，調整取樣點的位置，也可以單響「清除取樣器」將取樣點全部清除，同學試試看。

三招
校正白平衡

先對白平衡做個簡單而明確的定義：白平衡問題，就是我們眼睛看到的是白色，但是，拍出來不是白的，那就是白平衡有問題。現在，同學們一起來看看 Camera Raw 中經常使用的三種白平衡修正方式。

基本面板：自動白平衡　最簡單的方式

基本面板：色溫 / 色調

先使用「顏色取樣器」單響照片中應該是白色的位置（1），觀察 RGB 數值的分佈，可以發現 R（紅色）數值最高，表示偏藍（2）。回到「基本」面板中，調整「色溫」與「色調」滑桿（3），直到 RGB 數值相近（4）。

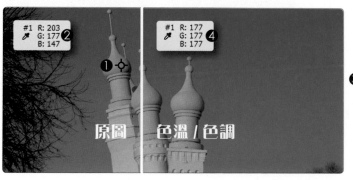

白平衡工具　推薦指數：五顆星

白平衡工具最難掌握的就是點選的位置，楊比比分享幾點經驗，同學參考一下。首先，先找到照片中應該是「白色」，但現在不是「白色」的位置（好像繞口令），第二，不能是「最暗」的白，也不能是「最亮」的白。

藍天不適合校正白平衡

必須選取「原本就是白色」的區域

#1 R: 181
G: 181
B: 181
②

使用「白平衡工具」單響色偏範圍（1），最好再使用「顏色取樣器工具」檢查 RGB 數值是否相同或是相近（2）。

不暗、不亮的白色是最好的選擇

不要選太「暗」的白

不要選太「亮」的白

精準
白平衡校正

使用版本　Camera Raw 10.1
參考範例　Example\04\Pic003.DNG

原圖　修改後

Adobe Bridge 中繼資料 EXIF

中繼資料面板上方顯示 JPG 與 RAW 格式的
拍攝資訊，包含測光模式 (1)、白平衡 (2)
光圈、快門、ISO 值與曝光補償，同學也可
以單響中繼資料面板選項按鈕 (3) 執行「偏
好設定」，勾選顯示更多的拍攝資訊。

Adobe Bridge 中繼資料白平衡圖示

拍攝設定	AWB 自動	日光
陰天	陰影	鎢絲燈
螢光燈	閃光燈	自訂

144

A > 開啟範例檔案

1. 位於 Example\04 檔案夾
2. 單響 Pic003.DNG
3. 中繼資料面板
4. 顯示拍攝資訊與白平衡圖示
5. 單響「在 Camera Raw 中開啟」按鈕

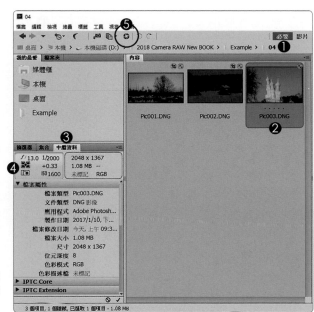

Adobe 的 RAW 格式

為了保護攝影師的作品，楊比比將原尺寸的 RAW 檔轉換為 DNG。DNG 是 Adobe 專屬的 RAW 格式，性質與一般 RAW 相同。

B > 檢視圖片 RGB

1. 開啟 Pic003.DNG
2. 使用「縮放顯示工具」
3. 移動指標到白色雪雕上
4. 顯示 RGB 數值
   R（紅色）數值最高
   表示偏紅

試試「白平衡」選單

同學可以在「基本」面板的「白平衡」選單中試試「自動」、「日光」或是其他的白平衡設定，但表現都不理想。

C> 顏色取樣器

1. 單響「顏色取樣器」工具
2. 單響白色雪雕
3. 顯示 RGB 數值

   這樣比較方便檢視
   數值不會隨著指標跳動

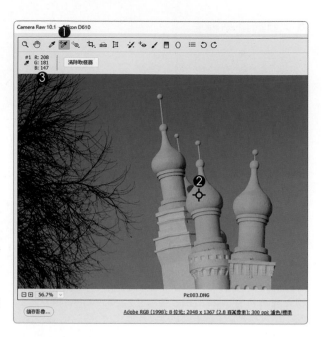

取樣點

Camera Raw 顏色取樣器工具最多能建立
「九個」取樣點 (似乎有點多了) 。

D> 調整「色溫」

1. 位於「基本」面板
2. 向左 (偏藍) 調整「色溫」
3. 紅色 R 數值

   會隨著色溫的調整
   逐漸減少

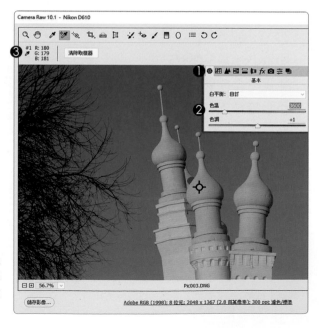

盡量讓 RGB 數值接近

R (紅色) 數值最高，表示偏紅，所以將色
溫滑桿向藍色方向拖曳，調整「色溫」滑桿
時，眼睛要盯著視窗上方的 RGB 數值，數
值不一定要完全相同，接近就好。

146

E> 調整「色調」

1. 位於「基本」面板
2. 向左（偏綠）調整「色調」
3. 注意取樣點 RGB 數值

什麼時候要調整「色調」？

當取樣點中標示的 G（綠色）數值太多，或是太少的時候，就是「色調」出手的時候。調整「色調」時，要注意 Camera Raw 視窗上方取樣點 RGB 數值的變化。

F> 移動顏色取樣點

1. 單響「顏色取樣器」工具
2. 拖曳編輯區中的取樣點到雪雕的其他位置
3. 顯示的 RGB 數值還是接近

刪除取樣點

按著 Alt 不放，使用「顏色取樣器」工具單響編輯區中的「取樣點」就能快速移除一個顏色取樣點，同學試試。

G> 恢復白平衡預設值

1. 位於「基本」面板
2. 白平衡「拍攝設定」
3. 色溫與色調就會恢復預設值
4. 取樣點的 R 數值仍然偏高

來試試最後一招

根據「顏色取樣器」的 RGB 數值，調整「色溫」與「色調」是很費工的，現在，我們一起再來試試「白平衡」的最後一招。

H> 白平衡工具

1. 單響「白平衡」工具
2. 單響顏色取樣點的位置
3. 立刻修正了 RGB 數值
4. 改變了「色溫」與「色調」
5. 白平衡變更為「自訂」

自訂白平衡

使用「白平衡工具」單響編輯區後，色溫與色調會依據白平衡工具所選擇的位置，進行調整，同時白平衡選單也會改為「自訂」。

|> 點模式補足色階

1. 這裡少了一塊
2. 單響「色調曲線」
3. 單響「點」模式
4. 沿著上方拖曳「點」
   到色階像素的起點

再次提醒

使用色調曲線的「點」模式補足色階，就不能使用「基本」面板中的「自動」曝光，兩者之間有衝突，記得喔，兩個挑一個使用。

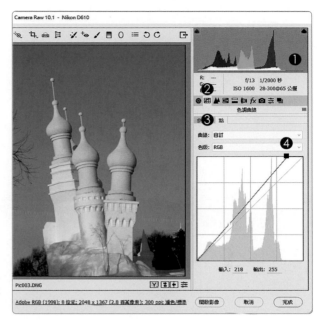

J> 亮部曝光

1. 向左（暗部）調整「亮部」
   數值約為「-82」
   使雪雕上的細節更多
2. 向右（亮部）調整「白色」
   數值約為「+30」
3. 注意亮部超出色域記號

結束 Camera Raw 程式

同學可以單響 Camera Raw 視窗下方的「儲存影像」按鈕，將檔案另存為 JPG 格式，或是直接單響「完成」結束 Camera Raw。

原廠色調
相機校正模式

使用版本　Camera Raw 10.1
參考範例　Example\04\Pic004.DNG

Canon EOS 5D Mark IV

原圖　風景模式

相機描述檔

相機描述檔選單內的項目，會依據相機「廠牌」、「型號」而有所調整。即便都是 Nikon 家的相機，也會因為型號不同，相機描述檔案的選項，選單數量也會有些微差異。

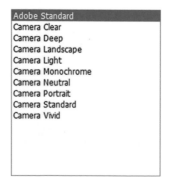

▲ FUJIFILM X-T2 相機描述檔

SONY A9 ILCE-9 相機描述檔欄

▲ SONY A9 ILCE-9 相機描述檔

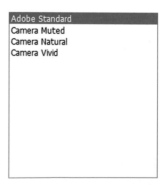

▲ Olympus TG-5 相機描述檔

A> 相機描述檔

1. 開啟 Pic004_1.DNG
2. 拍攝的相機是
   Canon 5D IV
3. 單響「相機校正」面板
4. 單響「相機描述檔」選單

預設為 Adobe Standard

RAW 格式一進入 Camera Raw 就被套上
了 Adobe 預設的描述檔，所以色調看起來
跟相機螢幕上看的不太一樣，有些偏暗。

B> 風景模式

1. 位於「相機校正」面板
2. 相機描述檔
   Camera Landscape
3. 顏色瞬間鮮亮起來

觀察上下兩張圖片的色階圖

相機描述檔，會影響「色階圖」中的明暗分
佈，同時改變照片的色調。

C> 變更色相 / 飽和度

1. 藍色色相「+10」
   修改照片中的藍色
2. 藍色飽和度「+12」
   增加藍色的飽和度

什麼是「色相」？

紅、橙、黃、靛、紫、藍，這些不同的顏色
就稱為色相。相機校正面板中提供的色相範
圍比較窄，以藍色為例，僅在「青藍」到
「紫」這個區間，拖曳「色相」滑桿，可以
改變照片中的「藍色」色調表現。

D> 建立預設集

1. 單響「預設集」面板
2. 單響「新增預設集」按鈕
3. 顯示「新增預設集」面板

還有印象吧

我們在第二個章節中，透過預設集保留了
「鏡頭校正」的數據，並將這組預設集套用
在第二章所有的圖片中....同學的眼神有點
迷離，忘了嗎？沒問題，我們再練習一次。

E > 儲存相機校正數據

1. 單響「全部不選」按鈕
2. 取消預設集項目的勾選
3. 勾選「相機校正」
4. 名稱「5D IV 相機校正」
5. 單響「確定」按鈕
6. 單響「取消」按鈕
   結束 Camera Raw

記得幫自己的相機存一個預設集

練習結束後,記得開啟自己拍攝的 RAW 格式 (最好有藍天),挑一個適合的相機描述檔,略為改一下藍色色相,記得存為預設集。

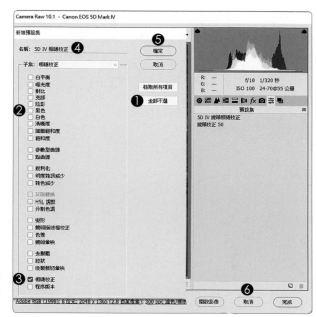

F > 套用開發設定

1. 回到 Adobe Bridge
2. 拖曳選取 Pic004_1 與 _2
3. 中繼資料面板
4. 顯示為同一台相機拍攝的
5. 選取的檔案上單響「右鍵」
   單響「開發設定」選單
6. 執行「5D IV 相機校正」

Camera Raw 預設值

如果需要移除 RAW 格式在 Camera Raw 程式中的變更的參數,可以執行「開發設定」選單內的「Camera Raw 預設值」。

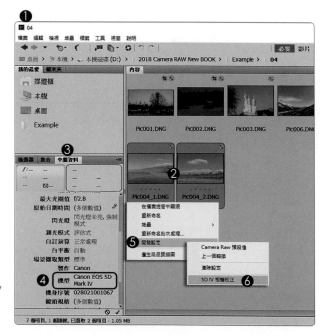

利用色相
飽和度改變顏色

使用版本　Camera Raw 10.1
參考範例　Example\04\Pic005.DNG

色相（HUE）

將黃色的白樺樹林修改為「金橘色」、青藍色的天空調整為「湛藍」、淺綠色的草地升級為清亮的「蘋果綠」，變更顏色需要動用的參數就是「色相」。

色相：各種不同的顏色

黑白灰不屬於色相

飽和度（SATURATION）

指顏色的純度或鮮豔度；當飽和度降低為「0%」會以不同濃淡的灰色顯示。

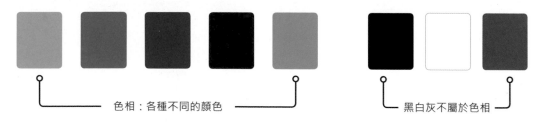

飽和度 100%　　　　　　　　　　　　　　　　　　　　　　　　　飽和度 0%

154

A> 自動曝光

1. 開啟 Pic005.DNG
2. 位於「基本」面板
3. 單響「自動」
4. 調整面板中的曝光參數

Camera Raw 10.1 自動曝光

Camera Raw 以往的自動曝光，都以「曝光度」滑桿為主，像素分佈不均，但 10.1 版完全不同，調整方式非常接近手動曝光，已經更新版本的同學真的可以多多運用。

B> 暗部超出色域

1. 單響「超出色域」記號
2. 標示出太暗的區域
3. 向右（亮部）調整「陰影」
   數值約「+56」
   記得單響「超出色域」記號
   關閉過暗區域的顯示

藍色超出色域標示還在耶？

沒關係，編輯區中過暗區域的標示，有時候會跟不上數值變動，只要色階圖的「超出色域」記號變為「黑色三角形」就可以囉！

C> 變更色相

1. 單響「HSL/ 灰階」面板
2. 單響「色相」標籤
3. 調整「綠色」滑桿
   數值約為「-64」
4. 嗯 ... 樹葉沒有變色

不能確定「色相」的範圍

照片上的樹葉，說是「綠」，似乎又有點偏黃，到底要拖曳「色相」面板中的那一根滑桿比較好？別說同學有這個困擾，楊比比也常常抓不準，沒關係，我們換一招。

D> 恢復預設值

1. 位於「HSL/ 灰階」面板
2. 還是在「色相」標籤
3. 單響「預設」
4. 所有滑桿都恢復預設值

單一滑桿恢復預設值

同學也可以試試，雙響滑桿（紅圈），就可以讓單一滑桿恢復預設值。

E> 目標調整：色相

1. 按著「目標調整」工具不放
2. 直到選單出現
   單響「色相」指令
3. 移動指標到樹葉上
   向上拖曳指標
4. 右側面板變更為「色相」
5. 同時調整黃色與綠色的數值

目標調整工具

選單內的「色相、飽和度、明度」對應「HSL/灰階」面板中的三個標籤。目標調整工具能以最直覺的方式改變影像的顏色。

F> 目標調整：飽和度

1. 按著「目標調整」工具不放
2. 直到選單出現
   單響「飽和度」指令
3. 移動指標到樹葉上
   向上拖曳指標
4. 同步變更「飽和度」標籤中
5. 黃色與綠色的鮮艷程度

恢復面板預設值

如果覺得目標調整工具變更的色相或是飽和度不理想，請單響面板中的「預設」（紅圈）將面板內的數值恢復預設值，也就是歸零。

控制明度
表現湛藍的天空

使用版本　Camera Raw 10.1
參考範例　Example\04\Pic006.CR2

原圖　　調整 藍色明度

明度（BRIGHTNESS）

顏色中混入較多的「黑色」，顏色會顯得穩定、暗沉，稱為「明度低」；若
是混入較多的「白色」，顏色會顯得清透、明亮，成為「明度高」的顏色。

黑色：明度最低　　　　　　各種顏色飽和度降低到 0% 呈現不同濃淡的灰色　　　　　白色：明度最高

這個範例提供原始 RAW 格式 CR2

為了保護攝影師的作品，楊比比向來提供小尺寸的 DNG 格式，但這個練習不
同，檔案只要稍稍壓縮，調整「明度」時，就能看出明顯的色彩裂化，所以
這個範例我們使用完全沒有壓縮的 CR2。從另一個方向說，具有破壞性壓縮
的 JPG 格式，使用「明度」時，也要特別小心，數值不要太高。

A > 鏡頭校正

1. 開啟 Pic006.CR2
2. 單響「鏡頭校正」面板
3. 位於「描述檔」標籤
4. 勾選「移除色差」
   勾選「啟動描述檔校正」

照片四周變白了一些

啟動描述檔校正後，沒有暗角的照片，因為
「暈映」量提高到「100」，照片四周顯得
有些發白，記得把「暈映」值降低一些。

B > 減少暈映

1. 位於「鏡頭校正」面板中
2. 描述檔標籤中
3. 降低「暈映」數值
4. 觀察照片四周的顏色

描述檔校正量

現在我們得開始學著觀察鏡頭與校正量之間
的關係，以目前這顆 24-70mm（紅框）的
鏡頭來說，暈映校正量「100」使得影像邊
緣泛白，得稍稍向下修正。建議同學可以儲
存一個「預設集」，把這個鏡頭專用的「鏡
頭校正」量保存下來，透過 Bridge 套用在
相同鏡頭拍攝的照片中。

C> 暗部曝光

1. 單響「基本」面板
2. 提高「陰影」亮度
   數值約為「+40」
3. 山體的部份會亮一些
4. 向左（暗部）調整「黑色」
   增強輪廓線
   數值約為「-30」

時時複習

不知道同學發現了沒，楊比比寫書就像是上
課，東唸一下、西唸一下，想到就得複習一
下（有押韻耶），記得吧，這就是暗部曝光。

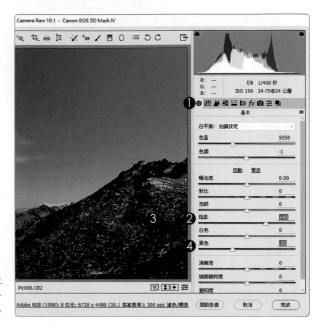

D> 提高橘黃色飽和度

1. 按著「目標調整工具」不放
2. 直到選單出現
   單響「飽和度」
3. 指標移動到黃色丘陵
   向上拖曳指標增加飽和度
4. 右側面板也跟著調整

目標調整工具與面板

指定目標調整工具任何一個項目，右側面板
都會配合工具，顯示目前的工作參數，如果
覺得數值不理想，可以單響「預設」（紅圈）
將面板參數歸零後，再重新調整。

E> 目標調整：色相

1. 按著「目標調整」工具不放
2. 直到選單出現
   單響「色相」指令
3. 移動指標到天空上
   向上拖曳指標
   藍色略為偏紫
4. 右側「色相」面板同步調整

個人偏好

同學可以試著上下拖曳「目標調整」工具指標，改變藍色的色相，找到自己喜歡的色調。

F> 目標調整：明度

1. 按著「目標調整」工具不放
2. 直到選單出現
   單響「明度」指令
3. 移動指標到藍天
   向下拖曳指標
   降低藍色明度
4. 右側「明度」面板同步調整

藍色中加入黑色

顏色中混入黑色，明度就會下降，顏色也會顯得比較深。顏色中加入白色，明度就會提高，顏色也會顯得比較清亮、透澈。

突顯主題
的抽色效果

使用版本　Camera Raw 10.1
參考範例　Example\04\Pic007.DNG

原圖　只保留橘紅色

A> 開啟範例檔案

1. 開啟 Pic007.DNG
2. 單響「HSL/ 灰階」面板
3. 單響「飽和度」標籤

標籤上的「預設」顯示灰色？

這問題常有同學問，因為面板中的數值都是零，所以「預設」顯示灰色，不需要執行。

B> 保留橘紅色

1. 位於「飽和度」標籤
2. 除了「紅色」與「橘黃色」
3. 其餘的顏色「飽和度」
   數值都是「-100」
4. 留下膚色與紅色背包
   的顏色

抽色是一種突顯主體的手法

抽色經常使用在顏色複雜、元素較多的照片
中。降低部份顏色的飽和度之後，主體很容
易就跳出來，效果不錯吧！

C> 增加藍色明度

1. 單響「明度」標籤
2. 提高「藍色」明度
   數值約為「+81」
3. 海變得比較亮白

試試「橘黃色」的明度

向左或是向右拖曳「明度」標籤內的「橘黃
色」滑桿，可以改變這位大鬍子年輕人的膚
色。現在知道什麼是「明度」了吧！

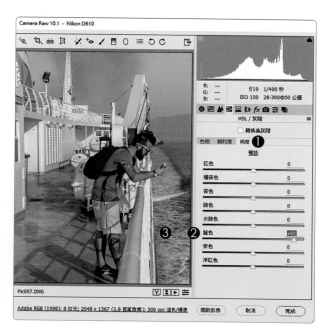

高對比
的黑白照片

使用版本　Camera Raw 10.1
參考範例　Example\04\Pic008.JPG

原圖　轉換為灰階

A > 開啟範例檔案

1. 開啟 Pic008.JPG
2. JPG 格式不會顯示
   拍照的相機廠牌與型號
3. 單響「HSL/ 灰階」面板
4. 顯示「色相」、「飽和度」
   與「明度」標籤

需要先調整曝光嗎？

不急！先將彩色照片轉換為「灰階」照片之
後，再視灰階色調狀態調整。

B> 轉換為灰階

1. 位於「HSL/灰階」面板中
2. 勾選「轉換為灰階」
3. 色相、飽和度、明度
   三組面板消失
   變為「灰階混合」
4. 彩色照片變成灰階照片囉

目標調整工具

同學也可以使用「目標調整工具」（紅圈）
選單內的「灰階混合」功能，將彩色照片轉
換為灰階照片。

C> 自動灰階混合

1. 位於「HSL/灰階」面板中
2. 位於「灰階混合」標籤中
3. 單響「自動」
4. 修改各種顏色在灰階模式
   內的明度分佈

明度：顏色混入黑色或是白色的比例

以照片中的「黃色」校車來說，如果將黃色
滑桿向左拖曳，黃色就會變得比較深（明度
低）；若是將「黃色」滑桿向右拖曳（明度
高），黃色的區域則會顯得比較明亮。

D > 改變顏色明度

1. 位於「灰階混合」標籤中
2. 向右拖曳「橘黃色」
   數值約為「+100」
3. 向右拖曳「黃色」
   數值約為「+100」
4. 原本黃色的校車
   在灰階模式下變白了

試試目標調整工具

同學也可以使用「目標調整工具」選單內的
「灰階混合」，將指標移動到黃色校車上，
上下拖曳，變更黃色校車的明度。

E > 面板預設

1. 位於「HSL/ 灰階」面板
2. 單響「面板預設」按鈕
3. 暫時恢復面板預設狀態

複習幾組快速鍵

Ctrl + ALT + P：單一面板預設前 / 後
P：Camera Raw 整體修改前 / 後
記得先關閉中文輸入法 (謝謝合作)

F> 關閉面板預設值

1. 單響「面板預設」按鈕
2. 恢復修改後的狀態

恢復「灰階明度分佈」

單響「灰階混合」標籤內的「預設」，就可以恢復「灰階混合」預設的明度分佈數值。

G> 高對比灰階影像

1. 單響「基本」面板
2. 提高「陰影」亮度
   數值約為「+90」
3. 增加輪廓線「黑色」
   數值約為「-28」
4. 提高「清晰度」為「+100」

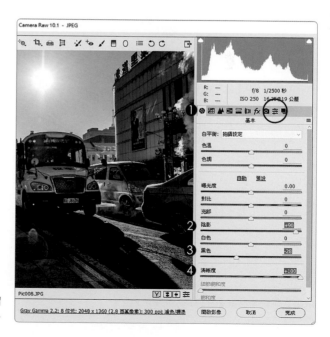

將目前的效果保留下來

同學可以將目前這款高對比的灰階效果保留在 Camera Raw 的預設集 (紅圈) 面板中。

單色調
與雙色調

使用版本　Camera Raw 10.1
參考範例　Example\04\Pic009.JPG

原圖　　　轉為雙色調

A > 開啟範例檔案

1. 開啟 Pic009.JPG
2. 位於「基本」面板
3. 提高「陰影」亮度
   數值約為「+50」
4. 強化「黑色」輪廓線
   數值約為「-20」
5. 暗部也要有細節

亮部曝光

麻煩大家動手調整亮部曝光，調整「白色」
時，請特別留心，不要超出色域。

B> 轉換為灰階

1. 按著「目標調整工具」不放
2. 選單中單響「灰階混合」
3. 彩色照片變為灰階
4. 右側面板自動轉換為「HSL/灰階」面板
5. 也勾選了「轉換為灰階」

目標調整工具調整灰階

將「目標調整工具」指標移動到馬匹，上下拖曳指標，便能改變馬匹的灰階濃淡度，同時右側「灰階混合」面板上的參數也會變更。

C> 建立單色影像

1. 單響「分割色調」面板
2. 拖曳陰影「飽和度」滑桿數值約為「50」
3. 提高陰影色調的飽和度

分割色調

將顏色分別套入「陰影（暗部）」與「亮部」兩個區域。套用顏色時，請先提高「飽和度」數值，再變更「色相」，才能看出色調。

D> 改變陰影色相

1. 位於「分割色調」面板
2. 拖曳陰影「色相」滑桿
3. 變更陰影（也就是暗部）
   區域內的顏色

雪景似乎有點偏藍？

好眼力，沒錯！接下來，得修改「陰影（暗部）」與「亮部」的平衡，來！我們繼續。

E> 亮部與陰影的平衡

1. 位於「分割色調」面板
2. 向右拖曳「平衡」滑桿
   數值約為「+65」
3. 反覆單響面板預設值按鈕
4. 觀察馬匹背後的雪地
   是否還偏藍

面板預設值按鈕

按下「面板預設值」按鈕，會讓目前作用中的面板恢復預設值，再按一次，目前的面板就會恢復修改後的狀態，同學多試幾次。

170

F> 建立雙色調

1. 位於「分割色調」面板
2. 拖曳亮部「飽和度」滑桿
3. 拖曳亮部「色相」滑桿
   改變亮部顏色
4. 陰影（馬匹）偏藍
5. 亮部（雪景）偏黃

陰影與亮部各有一個色調

陰影（也就是暗部）與亮部各有一個色調，
就是所謂的「雙色調」影像。

G> 加入暗角

1. 單響「效果」面板
2. 拖曳「後製裁切暈映」總量
   數值約為「-68」
3. 照片四周顯示暗角
4. 單響「完成」按鈕
   儲存 Camera Raw 參數
   並結束程式

效果面板

包含提高能見度、增加顆粒、暗角與亮邊等
特殊效果，我們慢慢看，不急。

照片暗部
顏色更鮮亮

使用版本　Camera Raw 10.1
參考範例　Example\04\Pic010.DNG

原圖　　增強暗部顏色

A > 開啟範例檔案

1. 開啟 Pic010.DNG
2. 亮部超出色域記號
　　顯示「白色」
　　單響一下記號
3. 這裡過曝囉

複習超出色域記號

超出色域記號正常為「黑色」，如果變成紅
色就表示紅色色版超出色域，變成藍色表示
藍色色版超出色域，如果變成「白色」就表
示好幾個色版同時超出色域。

B> 自動曝光

1. 位於「基本」面板
2. 單響「自動」
3. 調整六組曝光參數
4. 與兩組飽和度數值
5. 暗部還是太暗
   往亮部拖曳「陰影」滑桿
   數值約為「+85」

Camera Raw 10.1 自動曝光

非常精準呀（楊比比好像讚美過很多次了）
同學可以多多使用，但是，手動曝光控制的
邏輯還是得掌握好。來！我們繼續。

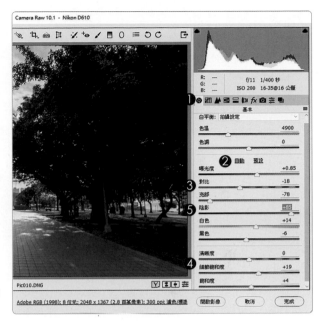

C> 提高暗部色調飽和度

1. 單響「分割色調」面板
2. 拖曳陰影「飽和度」滑桿
   數值約為「50」
3. 提高陰影色調的飽和度

分割色調

將影像分為「亮部」與「陰影（暗部）」兩
個區域，就像我們調整曝光一樣，可以分開
指定色調，是使用率很高的面板。

D> 改變陰影色相

1. 位於「分割色調」面板
2. 拖曳陰影「色相」滑桿
   數值大約為「92」
3. 變更陰影（車站旁的樹林）
   的顏色

暗部色相

照片暗部的顏色通常比較「沈重」，同學可
以透過「分割色調」變更「陰影」色相，使
得暗部顏色更鮮活一些。

E> 控制陰影顏色覆蓋範圍

1. 位於「分割色調」面板
2. 向右拖曳「平衡」滑桿
   數值約為「+70」
3. 反覆單響面板預設值按鈕
4. 觀察綠色覆蓋的區域

一定要檢查明暗平衡

透過「分割色調」套用「陰影」色調後，記
得使用「面板預設值」按鈕，來檢查陰影顏
色覆蓋的範圍，並且適度調整「平衡」滑桿。

F> 天空可以再藍一點

1. 按著「目標調整工具」不放
2. 選單中單響「明度」
3. 移動指標到藍色區域
   向下拖曳指標
4. 自動切換到「明度」標籤
5. 並同步調整對應的滑桿

目標調整工具比較直覺

我們自己調整明度滑桿，可能沒有辦法馬上就抓出照片中顏色對應的滑桿，還是「目標調整工具」比較靈活一些，同學可以多玩。

G> 增加立體感

1. 單響「基本」面板
2. 拖曳「清晰度」滑桿
   數值約為「+28」
3. 增加照片的立體感
4. 單響「完成」結束程式
   並將參數存放在檔案內

清晰度

控制照片「黑色」與「白色」兩個區間的像素，調整時請觀察兩側的超出色域記號變化。

模擬
舊照片技法

使用版本　Camera Raw 10.1
參考範例　Example\04\Pic011.JPG

原圖

模擬退色效果

A> 開啟範例檔案

1. 開啟 Pic011.JPG
2. 暗部超出色域記號顯示綠色
   表示綠色色版中有部份像素
   超出色域

玩特殊效果不用管色域記號

正常來說，照片開啟在 Camera Raw 中應
該先觀察「色域記號」與「像素在色階中的
分佈」，但我們要玩特殊效果，就不用按著
標準的曝光程序來走囉！放開了玩！

B> 控制紅色色版

1. 單響「色調曲線」面板
2. 單響「點」標籤
3. 色版「紅色」
4. 單響曲線中間增加控制點
   穩住曲線中間點
5. 沿著上方拖曳控制點

有點交叉沖印的味道

交叉沖印是一種常見的暗房手法，指的是「正片負沖」，能產生出強烈的對比及相當有趣的色調，同學可以換一個色版玩玩看。

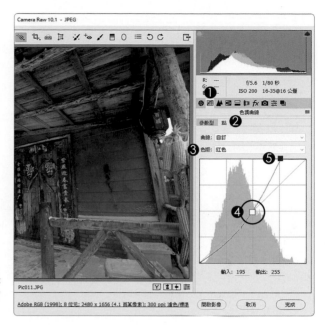

C> 調整暗部控制點

1. 位於「色調曲線」面板
2. 確認在「點」標籤中
3. 色版「紅色」
4. 沿著左側向上
   拖曳暗部控制點

面板預設值按鈕

試著單響「面板預設值」按鈕（紅圈），觀察「色調曲線」面板修改前 / 後的差異。

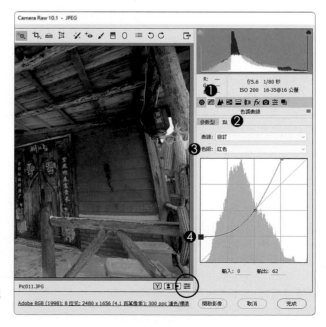

D> 降低飽和度

1. 單響「HSL/ 灰階」面板
2. 單響「飽和度」標籤
3. 降低「紅色」與「橘黃色」
   飽和度數值

營造褪色感

顏色太鮮艷不像舊照片，所以降低了紅色系
的色彩飽和度。如果覺得效果不理想，可以
單響「飽和度」標籤內的「預設」將面板中
調整過的數值歸零。

E> 降低能見度

1. 單響「fx」效果面板
2. 降低「去朦朧」總量
   數值約為「-28」

去朦朧

「去朦朧」是一款可以大幅提高能見度的功
能，主要是以增加「黑色」與「白色」區間
的像素為主(聽著很耳熟吧)但由於提高「去
朦朧」後，顏色會有些偏藍，在還沒有修正
前，楊比比建議大家使用「清晰度」來取代
「去朦朧」。如果真要使用「去朦朧」，數
值也不要太高，免得造成色偏。

F > 模擬底片的顆粒感

1. 位於「fx」效果面板
2. 粒狀總量「25」
3. 編輯區中的照片加入顆粒

粒狀總量

粒狀總量的數值越大，顆粒數量會越多，建議將數量控制在「25」左右，否則照片會出現非常明顯的模糊感。

G > 製作白框

1. 位於「效果」面板
2. 後製裁切暈映總量「+100」
   表示外側光暈為白色
3. 中點「0」光暈距離很小
4. 圓度「-92」偏矩形
5. 羽化「0」光暈邊緣清晰

老照片一定要有白框加圓角

楊比比小時候的照片，每一張都有白邊加圓角，不知道大家的就照片是不是也這樣。

夜景
多重色調處理

使用版本　Camera Raw 10.1
參考範例　Example\04\Pic012.DNG

A > 來囉！總複習喔！

1. Adobe Bridge CC 中
2. 位於 04 檔案夾中
3. 選取 Pic012.DNG 縮圖
4. 單響「在 Camera Raw
   中開啟」按鈕

很熟悉吧

連著幾個章節下來，大家對於使用 Bridge
開啟 RAW 檔一定很熟，來！我們繼續。

B> 鏡頭校正

1. 單響「鏡頭校正」面板
2. 單響「描述檔」標籤
3. 勾選「移除色差」
   勾選「啟動描述檔校正」

進入 Camera Raw 的第一個程序

想都不用想，進入 Camera Raw 之後，馬上衝進「鏡頭校正」面板，勾選「移除色差」與「鏡頭描述檔」這兩個項目。

C> 先調整暗部曝光

1. 單響「基本」面板
2. 向右（亮部）調整「陰影」
   數值約為「+100」
3. 陰影調到最亮還是偏暗
   接下來調整「曝光度」
   數值約為「+2.00」
4. 加強輪廓調整「黑色」
   數值約為「-20」

照片實在太暗

楊比比拍照總是偏暗，但這張實在太暗，所以先把曝光調整好，才能指定裁切範圍。

D > 調整亮部曝光

1. 位於「基本」面板
2. 向左（暗部）調整「亮部」
   數值約為「-92」
3. 亮部變暗後會帶走白色像素
   向右（亮部）調整「白色」
   數值約為「+30」

調整白色時，要注意 ...

向右（亮部）拖曳白色滑桿時，眼睛要盯著
亮部超出色域記號，什麼顏色都可以，就是
不能是「白色」（記住囉）。

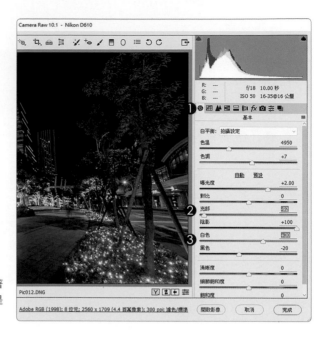

E > 調整色溫

1. 位於「基本」面板
2. 色溫「6000」
3. 畫面偏暖黃

JPG 與 RAW 檔色溫差異

JPG 格式在 Camera Raw 程式中的「色溫」
範圍是「-100 ～ +100」之間。
RAW 格式在 Camera Raw 程式中的「色
溫」範圍是「2000～50000」之間。

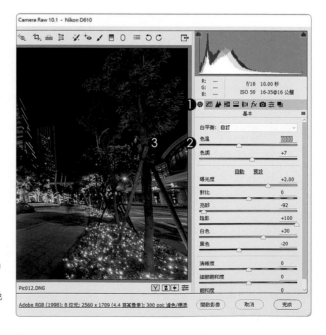

F> 恢復色溫預設值

1. 位於「基本」面板中
2. 白平衡選單中
   變更為「拍攝設定」
3. 色溫立即恢復到預設值

不記得照片原本的「色溫」值了吧

白平衡選單中指定「拍攝設定」，是恢復「色溫」預設值最快的方式。或是雙響「色溫」滑桿，也可以讓數值恢復預設。

G> 可以開始裁切

1. 按著「裁切工具」按鈕不放
2. 選單中指定裁切比例
   為「9 比 16」
3. 拖曳拉出 16：9 的裁切範圍
   調整好裁切區域
   按 Enter 結束裁切

怎麼有種要完稿的感覺 ...

每次碰到總複習的範例，都讓楊比比有種快要完稿的 FU，哈哈！還有局部控制與美化工具沒看，不急！還早！還早！

H> 相機校正

1. 單響「相機校正」面板
2. 相機描述檔維持
   Adobe Standard
3. 提高紅色飽度
   數值約為「+32」

有條件的拉高飽和度

透過「相機校正」面板，拉高某一個特定顏色的飽和度，能突出特定色彩，是高手就得玩這一招（嘿嘿）。

I> 減少藍色

1. 單響「色調曲線」面板
2. 單響「點」標籤
3. 色版「藍」
4. 單響曲線中間增加控制點
   並略為向下拖曳

減少中間調的藍色像素

把曲線以「色階」的方式來區隔，就可以看出「左側是暗部」、「中間是曝光度」、「右側是亮部」。曲線往上，能增加像素；曲線往下，則會減少像素。

將藍色色版的曲線往下壓，會減少中間調也就是曝光度的像素，綠色與紅色會更突出。

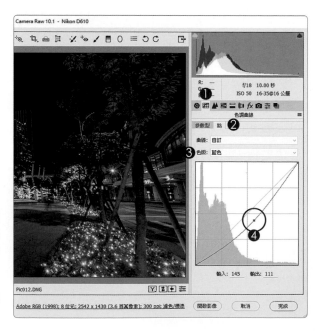

J > 抽掉藍色

1. 單響「HSL/ 灰階」面板
2. 單響「飽和度」標籤
3. 藍色「-100」
4. 水綠色「-100」

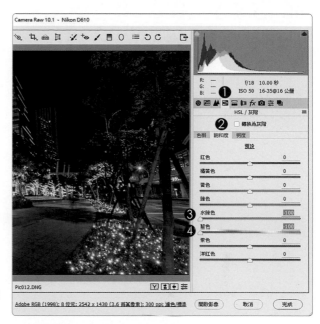

抽掉兩組顏色

顏色太雜亂，容易失焦；夜景照片，經常透過抽色方式，減少顏色，讓色調更單純。

K > 加強暗部金黃色調

1. 單響「分割色調」面板
2. 先拉陰影「飽和度」滑桿
   數值約為「60」
3. 再拉陰影「色相」滑桿
   數值約為「60」
4. 拖曳「平衡」滑桿
   數值約為「+50」
5. 單響「儲存影像」按鈕

調整平衡時請注意顏色分佈

平衡偏向「亮部」時，陰影色相只會顯示在特別暗的像素中，是一種幫暗部上色的手法。

儲存為
小尺寸 RAW 格式

幾次攝影評審的經驗，讓楊比比發現，比賽要求的是的像素足夠的 RAW，並不是「原始的 RAW」；所以，楊比比建議同學使用 Camera Raw 將檔案存為可以縮小尺寸的 Adobe RAW 格式，這樣就可以留下原始的 RAW 檔囉！

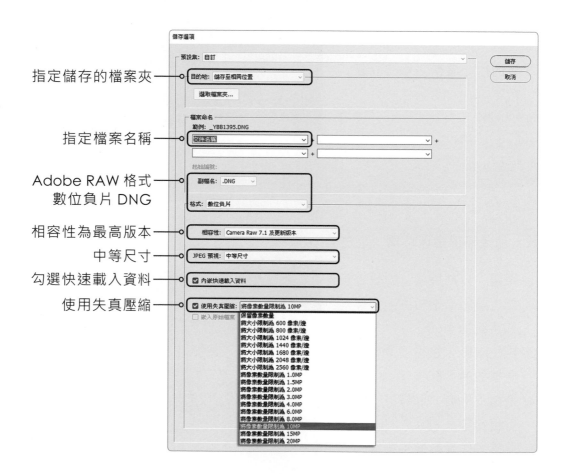

指定儲存的檔案夾

指定檔案名稱

Adobe RAW 格式
數位負片 DNG

相容性為最高版本

中等尺寸

勾選快速載入資料

使用失真壓縮

DNG 格式失真壓縮

同學可以依據需求，由「失真壓縮」的選單內，指定檔案的寬邊像素（如 2560 像素 / 邊）、限制像素為 10MP（一千萬像素）或是 20MP（兩千萬像素）。

保留
儲存選項預設集

Camera Raw 儲存選項可以將經常使用的儲存設定保留成「預設集」，方便我們直接選取套用。現在就試著把一千萬像素的 DNG 格式，以預設集的方式，保存在 Camera Raw 的儲存選項對話框中。

A > 指定 DNG 格式

1. 目的地「儲存至相同位置」
2. 檔案命名「文件名稱」
3. 副檔名「DNG」
4. 格式「數位負片」
5. 相容性「Camera Raw7.1 及更新版本」
6. JPEG 預視「中等尺寸」
7. 勾選內嵌快速載入資料像素限制為 10MP

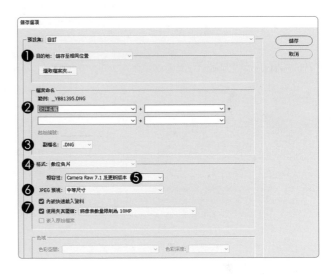

B > 儲存為預設集

1. 預設集選單中
   單響「新增儲存選項預設集」
2. 名稱「一千萬像素 DNG」
3. 單響「確定」按鈕
   完成後就能在預設集選單中
   看到存好的預設集
4. 單響「儲存」按鈕

05 美化與局部修飾

2017/10/20, 10:58am NIKON D610
珍珠海 / 海拔 4116m
1/1000 秒 f/10 ISO 400
Photo by 古卉妘

Camera RAW
美化修飾工具

美化修飾包含「紅眼移除」、「汙點移除」與「銳利化及雜訊抑制」三項；
雜訊通常在曝光調整完成後才會進行抑制，其餘兩款工具，沒有使用順序上
的限制，需要時就可以拿出來進行汙點處理與紅眼移除。

上方圖片中的黑點就是汙點

檔案開啟在 Camera Raw，按正常程序，應該是「鏡頭校正」勾選「移除色
差」這些項目，但那幾個黑點硬生生放在眼前，不先拿掉，哪有心思進行變
形校正與曝光處理，所以說，美化修飾工具沒有時間限制，隨時都可以使用。

Camera RAW
局部曝光與色調控制

Camera Raw 中的局部調整工具包含「調整筆刷」、「漸層濾鏡」與「放射狀濾鏡」。最新的 Camera Raw 10.1 版本還提供了「明度」與「顏色」遮色片，大幅提高這三款局部工具對於曝光與色調處理的能力。

調整筆刷
漸層濾鏡
放射狀濾鏡

什麼時候可以使用局部工具

經過幾個章節的練習，同學一定發現，有不少照片，經過「基本」面板中的曝光控制之後，仍然有許多地方顯得略為「偏暗」或是「偏亮」，這些無法透過「基本」面板整體控制的區域，就得換局部調整工具上場囉！

移除紅眼
與寵物紅眼

使用版本　Camera Raw 10.1
參考範例　Example\05\Pic001.JPG

原圖

移除紅眼

A> 開啟範例檔案

1. Adobe Bridge CC 中
2. Example\05 檔案夾內
3. 拖曳選取 Pic001_1.JPG
   與 Pic001_2.JPG 縮圖
4. 單響「在 Camera Raw
   中開啟」按鈕

同時編輯兩張以上的照片

透過 Bridge 可以選取多張照片，同時開啟
在 Camera Raw 程式中進行編輯處理。

B> 控制縮放比例

1. 窗格中單響第一張照片
2. 單響「縮放顯示工具」
3. 向右拖曳指標拉近圖形

還有「手形工具」

使用工具時，可以按著「空白鍵」不放，即時切換到「手形工具」中，拖曳編輯區中的圖形，找到需要觀察的區域。

C> 紅眼移除

1. 位於第一張圖片中
2. 單響「紅眼移除」工具按鈕
3. 類型「紅眼」
4. 面板數值維持「50」
5. 拖曳指標框住紅眼
6. 立即移除紅眼

實在是沒有其他的紅眼照片了

這年頭的相機，要拍出紅眼實在太難，只好再端出這張 2006 年的照片，同學見諒。

D > 關閉覆蓋框的顯示

1. 還是第一張照片
2. 位於「紅眼移除」工具中
3. 取消「顯示覆蓋」的勾選
4. 紅眼上的覆蓋框消失了

暫時關閉紅眼移除覆蓋區

為了能更清楚的檢視紅眼移除的狀況，同學可以取消「紅眼移除」面板中「顯示覆蓋」項目的勾選，取消編輯區中的紅色覆蓋框。

E > 處理第二張照片

1. 底片顯示窗格中單響第二張
2. 單響「縮放顯示工具」
3. 向右拖曳指標拉近影像

縮放顯示工具不能即時拖曳？

可能是「顯示卡」出問題了，同學可以單響 Camera Raw 工具列上的「偏好設定」按鈕 (紅圈)，勾選視窗下方的「使用圖形處理器」，並重新啟動 Camera Raw。

F > 移除寵物紅眼

1. 位於第二張照片
2. 單響「紅眼移除」工具
3. 類型「寵物紅眼」
4. 瞳孔大小「50」
5. 勾選「新增眼神光」
6. 拖曳框選藍綠色的反光

寵物容易產生黃眼、綠眼

家裡有寵物的同學應該碰過，閃燈一開，毛孩子眼睛就會反射出黃色或是綠色，看起來有些詭異，Camera Raw 夠厲害，不僅能移除這些顏色，還能加上眼神光，超強！

G > 換一隻眼睛試試

1. 位於「紅眼移除」工具中
2. 類型「寵物紅眼」
3. 確認勾選「新增眼神光」
4. 拖曳的框要夠大喔

開啟「顯示覆蓋」

同學可以勾選「紅眼移除」面板中的「顯示覆蓋」項目，開啟位於紅眼上的覆蓋框。單響覆蓋框，可以調整覆蓋框的大小，按下鍵盤的「Del」可以刪除覆蓋框，取消紅眼移除的動作，同學試試！

H> 儲存兩張照片

1. 單響底片窗格選項按鈕
2. 單響「全部選取」
3. 選取窗格中的兩張圖片
4. 單響「儲存影像」按鈕

選取需要儲存的檔案

除了可以透過「窗格選項」按鈕，指定「全部選取」之外，還可以按著 Ctrl 鍵不放，單響底片顯示窗格中需要儲存的檔案。

I> 儲存位置與名稱

1. 目的地「儲存至相同位置」
2. 檔案命名
   第一個欄位「文件名稱」
3. 第二個欄位「2 位數序號」
4. 起始編號為「01」
5. 顯示檔案命名的狀態

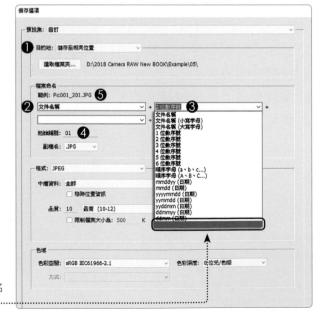

取消命名的規則

同學若是要取消「2 位數序號」這類的命名規則，可以單響選單最下方的空白項目。

J> 儲存格式與輸出品質

1. 副檔名「JPG」
2. 格式會自動變為「JPEG」
3. 中繼資料「全部」
4. 品質「8」
5. 色彩空間「sRGB」
6. 色彩深度「8 位元 / 色版」

JPG 格式的輸出品質

螢幕上觀看：品質為「高 (8-9) 」
沖洗或印刷：品質為「最高 (10-12) 」

K> 影像大小與輸出銳利化

1. 勾選「重新調整大小
   以符合」項目
2. 選項「長邊」
3. 數值為「1200」「像素」
4. 勾選「不要放大」
5. 勾選「銳利化」
6. 銳利化模式為「濾色」
7. 單響「儲存」按鈕

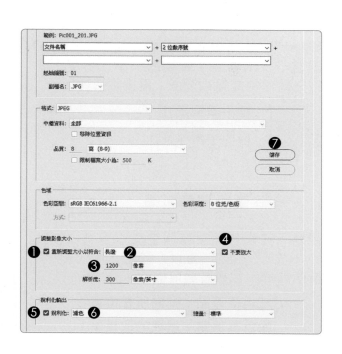

輸出銳利化

螢幕上觀看：濾色
沖洗或印刷：銅版紙或光面紙都可以

汙點移除（一）
清除鏡頭髒汙

使用版本　Camera Raw 10.1
參考範例　Example\05\Pic002.DNG

汙點移除筆刷快速鍵

同學可以使用鍵盤上左右方括號（[/]）
調整「汙點移除」筆刷的大小；對了！記
得先關閉中文輸入法後，再按方括號喔。

> [：縮小筆刷尺寸
>
>]：增加筆刷尺寸

汙點移除筆刷覆蓋範圍

使用「汙點移除」筆刷工具拖曳塗抹鏡頭
的汙點或是刮痕，會以「紅色」與「綠色」
覆蓋點標示目標區與取樣區。

> **紅色覆蓋點：汙點所在位置**
>
> **綠色覆蓋點：選取的取樣區**

A > 開啟範例檔案

1. 開啟 Pic002.DNG
2. 單響「縮放顯示工具」
3. 拖曳指標拉近天空

記得搭配手形工具

按著「空白鍵」不放，可以即時切換到「手形工具」狀態下，拖曳編輯區內的照片。

B > 汙點移除

1. 單響「汙點移除」筆刷
2. 類型「修復」
3. 大小「12」
4. 羽化「100」
5. 不透明「100」
6. 使用筆刷塗抹天空的汙點

汙點移除筆刷有兩個圈圈

中間的圓圈，是實際的筆刷「大小」（也就是目前的12），外側的虛線圈，表示羽化，也就是模糊區域。

C › 關閉覆蓋點

1. 位於「汙點移除」工具中
2. 取消「顯示覆蓋」勾選
3. 紅色與綠色覆蓋點消失
   這樣看得比較清楚

似乎沒有清得很乾淨？

當筆刷的「羽化」（也就是模糊範圍）太大時，汙點不容易清乾淨，來試試下一個步驟。

D › 降低羽化值

1. 還是「汙點移除」工具
2. 羽化「50」
3. 乾淨了吧（哈哈）

羽化就是筆刷邊緣模糊的範圍

羽化：0

羽化：100

E> 繼續移除汙點

1. 還是「汙點移除」工具
2. 勾選「顯示覆蓋」
3. 拖曳筆刷塗抹天空汙點
   塗抹過的區域
   顯示「紅色」覆蓋點

調整汙點移除筆刷大小

關閉中文輸入法，就可以使用鍵盤上的左右
方括號按鍵（[/]）控制筆刷尺寸。

F> 變更覆蓋點位置

1. 使用「汙點移除」工具
2. 拖曳筆刷塗抹汙點
3. 綠色取樣區的位置不好
4. 拖曳到另外一側

自動修補汙點？

汙點移除面板上「按 / 可自動修補選取的汙
點」，這句話，是指當我們塗抹汙點，顯示
紅色覆蓋點之後，可以按下「/」，變更綠色
的取樣區，同學可以試試！

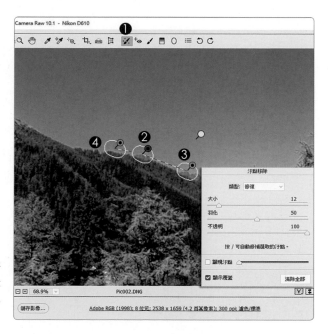

G> 調整顯示比例

1. 單響顯示比例選單
2. 單響「100%」
3. 按著「空白鍵」不放
   切換到「手形工具」
   拖曳到天空的位置

汙點移除覆蓋點的顏色

紅色：目標區域
綠色：遮蓋區域 (可以按「/」變更)
白色：不是目前正在編輯的覆蓋點

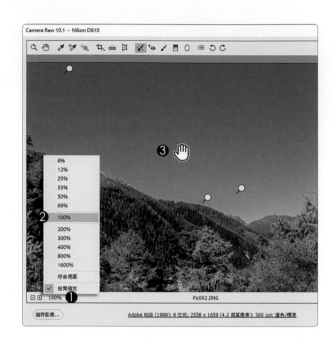

H> 這樣看更清楚

1. 單響「汙點移除」工具
2. 勾選「顯現汙點」
3. 向右拖曳滑桿
4. 增加黑白對比的強度
   這種一個圈圈的就是汙點

顯現汙點快速鍵

句點 (.)：滑桿向右增加黑白對比
逗點 (,)：滑桿向左減少黑白對比

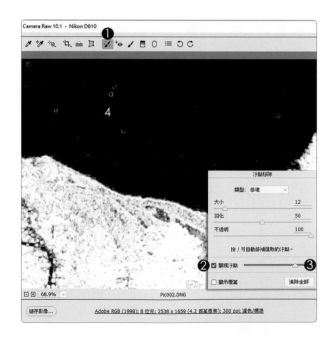

I > 慢慢來

1. 使用「汙點移除」工具
2. 類型「修復」
3. 適度調整筆刷「大小」
4. 取消「顯示覆蓋」
5. 塗抹天空的汙點
　 很多 ... 楊比比的錯（低頭）

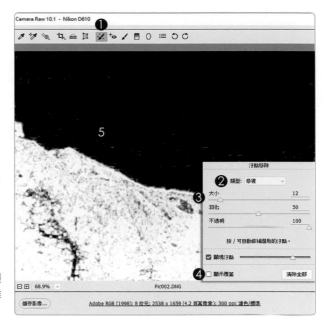

顯現汙點狀態下

只要開啟「顯現汙點」，就請取消「顯示覆
蓋」的勾選，否則 ... 滿天都是覆蓋點，很難
看清楚哪裡有汙點，記得喔！

J > 準備收工囉

1. 使用「汙點移除」工具
2. 取消「顯現汙點」勾選
3. 勾選「顯示覆蓋」
4. 滿天的白色覆蓋點（恐怖）

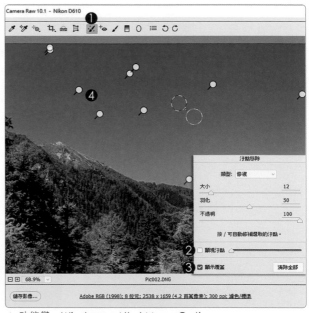

刪除覆蓋點

方式一、單響「白色」覆蓋點，按「Del」。
方式二、「顯示覆蓋」開啟的狀態下，按著
Alt 不放，拖曳框選需要刪除的覆蓋點。

▲ 功能鍵：Windows - Alt ／ Mac - Option

汙點移除（二）
移除多餘人物

使用版本　Camera Raw 10.1
參考範例　Example\05\Pic003.JPG

原圖　移除照片中的人物

手動 / 自動取樣區

「汙點移除」工具執行中，可以針對目前正在調整的覆蓋點進行：直接拖曳的「手動」取樣，或是按下「/」由 Camera Raw 隨機「自動」取樣。

手動拖曳「綠色」取樣點

按下「/」可以隨機變更「綠色」取樣點

A > 設定移除汙點

1. 開啟 Pic003.JPG
2. 單響「汙點移除」工具
3. 類型「修復」
4. 調整筆刷「大小」
5. 羽化「50」
6. 不透明「100」

筆刷大小快速鍵

建議同學可以先將筆刷移動到要修改位置上，關閉中文輸入法（講一百次了），按下左右方括號按鍵（[/]）調整筆刷大小。

B > 自動指定取樣點

1. 使用「汙點移除」工具
2. 拖曳筆刷塗抹照片上的人物
3. 每按一次「/」按鍵
   就能自動變換一次取樣點

不是「自動」修補汙點喔

同學不要「糾纏」在「自動」兩個字，「汙點移除」面板上的所寫的自動，指的是「自動更換『綠色』的取樣點」，而不是自動把照片上的汙點移除掉（哪有那麼神）。

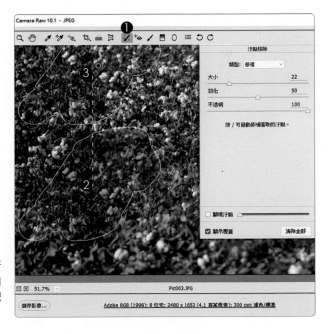

C> 手動調整取樣點

1. 使用「汙點移除」工具
2. 勾選「顯示覆蓋」
3. 需要遮蓋的人在紅色覆蓋點
4. 拖曳「綠色」覆蓋點
   到焦距相同的位置上

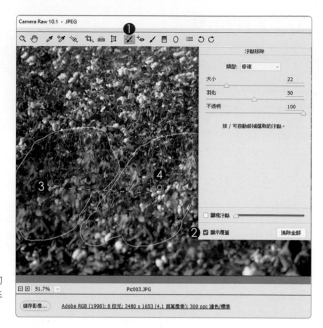

還是手動比較精準

雖說是「自動」，但按了半天「/」所找的取樣點也不見得合乎我們的需求，還不如手動，直接拉到我們需要的位置，又快又準。

D> 關閉「覆蓋點」

1. 使用「汙點移除」工具
2. 取消「顯示覆蓋」勾選
3. 看不到編輯區的覆蓋點

快速開啟／關閉「顯示覆蓋」點

喜歡玩快速鍵的同學，請先關閉中文輸入法（又唸一次）然後按下「V」，就能快速切換「顯示覆蓋」的開啟與關閉。

E > 移除第二個人

1. 使用「汙點移除」工具
2. 類型「修復」
3. 拖曳筆刷塗抹右下角的人物
   產生「紅色」覆蓋點
4. 拖曳「綠色」取樣點
   到適合的遮蓋區域中

取樣點最好選擇相同的焦段

取樣區最好選在「紅色」覆蓋區域附近，且
焦段相同的位置上，看起來會比較自然。

F > 變更之前的覆蓋點

1. 指標單響「白色」覆蓋點
2. 就能再次顯示汙點移除範圍
   若是要刪除覆蓋點
   可以直接按下「Del」
   便能刪除作用中的遮蓋區域

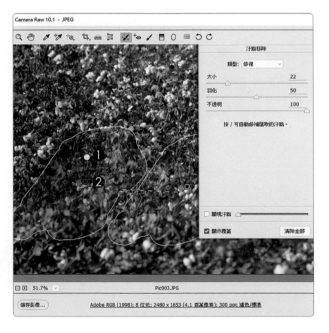

白色覆蓋點

指標移動到「白色」覆蓋點上，看到指標變
成「移動」記號，就可以單響「白色」覆蓋
點，讓覆蓋點轉換為作用中的紅綠色。

汙點移除（三）
複製影像

使用版本　Camera Raw 10.1
參考範例　Example\05\Pic004.DNG

原圖 太陽在左下角

複製太陽到風力發電機上方

A> 開啟範例檔案

1. 開啟 Pic004.DNG
2. 太陽在畫面的左下角

拿掉太陽很簡單

沒錯！以同學現在的功力，單響「汙點移除」
工具，調整好適當的筆刷大小，拖曳塗抹太
陽，輕輕鬆鬆就能拿掉太陽，但複製太陽呢？

B> 找好複製點

1. 單響「汙點移除」筆刷
2. 類型「修復」
3. 大小「32」
4. 羽化與不透明「100」
5. 拖曳筆刷塗抹上方空白處

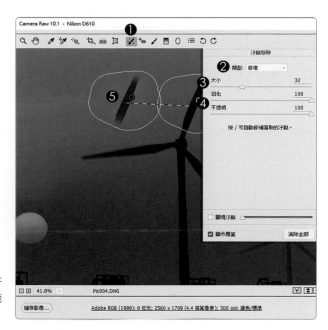

範圍要夠大喔

先在風力發電機上方找個空白處，使用「汙點移除」工具塗抹出一個可以容納太陽的範圍，好了嗎？我們繼續往下做。

C> 調整取樣點位置

1. 仍然在「汙點移除」工具中
2. 拖曳「綠色」取樣點
   到太陽上（嘿嘿）
3. 邊緣色彩有點不均勻
4. 降低不透明為「50」
   太陽看起來會自然一點

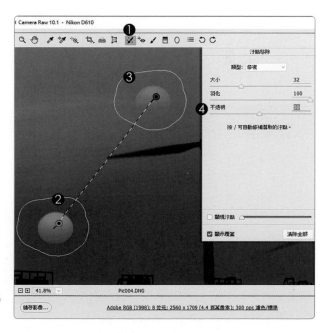

試試將照片裁切成直幅

有了這招，裁切影像時就更方便了，不用為了遷就太陽（或是月亮）而調整構圖囉！

汙點移除（四）
仿製重疊影像

使用版本　Camera Raw 10.1
參考範例　Example\05\Pic005.DNG

原圖　地面填滿落葉

修復 / 仿製模式

「汙點移除」工具提供「修復」與「仿製」兩種類型。修復用於移除照片中不需要的影像，能自動平衡移除範圍邊緣的明暗與色調。仿製相當類似於印章，會原封不動的將影像搬到指定的位置，不會調整範圍內的明暗與色調。

修復：樹葉配合地面顏色

仿製：直接複製樹葉

A> 使用「仿製」類型

1. 開啟 Pic005.DNG
2. 單響「汙點移除」工具
3. 類型「仿製」
4. 適度調整筆刷「大小」
5. 勾選「顯示覆蓋」
6. 拖曳建立紅色覆蓋點
7. 拖曳綠色取樣點到樹葉上

遮蓋範圍不要太大

紅色覆蓋區域不要太大，免得找不到面積相近的「綠色」取樣區域來遮蓋。

B> 控制邊緣的模糊範圍

1. 位於「汙點移除」工具中
2. 類型「仿製」
3. 拖曳筆刷建立紅色覆蓋區
4. 拖曳「綠色」取樣點
   到樹葉上
5. 降低「羽化」減少遮蓋
   邊緣的模糊範圍

仿製：不會考慮遮蓋區的明暗

汙點移除工具的「仿製」類型，不會考慮遮蓋區的明暗與色調，就是原封不動的把綠色取樣點的內容塞進去，適合用來填補不需要考慮平衡曝光的範圍，例如這片落葉。

抑制
高 ISO 雜點

使用版本　Camera Raw 10.1
參考範例　Example\05\Pic006.DNG

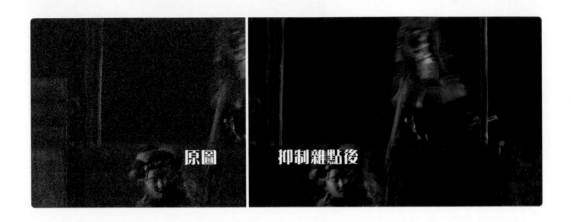

原圖

抑制雜點後

雜點分為「顏色」與「明度」兩種類別

Photoshop 系統中的雜點抑制的技術，就屬 Camera Raw 最厲害了，它能同時抑制「顏色雜訊」與「明度雜訊」，並取得影像細節上的平衡。

花花綠綠的小點就是「顏色」雜點

灰白色的顆粒狀就是「明度」雜點

A > 調整「暗部」曝光

1. 開啟 Pic006.DNG
2. 單響「基本」面板
3. 向右（亮部）調整「陰影」
   數值拉到「+100」
4. 向右（亮部）調整「曝光度」
   數值約「+1.15」
5. 調整「黑色」增強輪廓
   數值約為「-12」

陰影只有「+100」

當「陰影」拉到「+100」還不夠亮，下一個
要調整的滑桿就是「曝光度」囉！

B > 調整「亮部」曝光

1. 位於「基本」面板中
2. 向左（暗部）調整「亮部」
   數值約為「-80」
3. 調整「白色」增加明亮感
   數值約為「+8」

熟悉明暗曝光的邏輯

Camera Raw 10.1「自動曝光」的能力雖
然提高了，但同學還是要熟練「暗部」與「亮
部」曝光的程序，這跟我們玩「M 模式」是
一樣的，要多練喔！一起來看雜點。

C › 觀察「細部」面板

1. 照片的 ISO 為 3200
2. 單響「細部」面板
3. 注意這段提示
   抑制雜點時
   檢視比例要在 100% 以上

為什麼一定檢視比例要 100%？

顯示比例如果太低，不容易看出雜點抑制後的差異，很可能把數值拉的太高，雜點抑制了，但照片也模糊了。

D › 提高顯示比例

1. 單響顯示比例選單
2. 單響「300%」
3. 照片拉的很近
   有很明顯的顆粒狀

這就是「明度」雜點

預設狀態下，Camera Raw 不會提高「細部」面板中「明度」雜點抑制的數值，所以高 ISO 的照片，很容易看出明度雜訊。

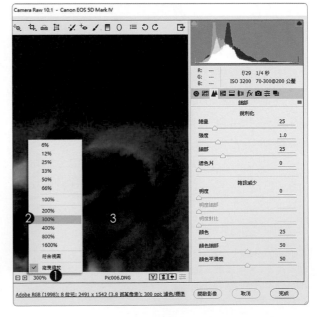

E> 這才是真面目

1. 顯示比例「300%」
2. 位於「細部」面板中
3. 降低「顏色」雜訊
   數值為「0」
4. 嚇一跳吧

Camera Raw 的善意

因為顏色雜訊（就是這些花花綠綠的小顆粒）
對於輪廓細節的影響不大，所以 Camera
Raw 有自動降低 RAW「顏色」雜點的機制。

F> 抑制高 ISO 雜點

1. 顯示比例「300%」
2. 位於「細部」面板
3. 明度「25」
4. 顏色「25」
5. 畫面乾淨很多喔

回到全圖檢視狀態

同學可以單響顯示比例選單，執行「符合視
圖」，或是雙響「手形工具」，便能將整張
圖片顯示在編輯區中。

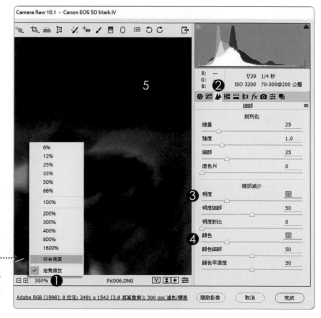

減少
照片中的雜點

使用版本　Camera Raw 10.1
參考範例　Example\05\Pic007.DNG

Camera Raw 透過「細部」面板抑制照片的雜點，但對 JPG 與 RAW 格式的支援狀態完全不同。同學可以看看以下兩個格式的「細部」面板對比。

RAW 格式的細部面板　　　　　JPG 格式的細部面板

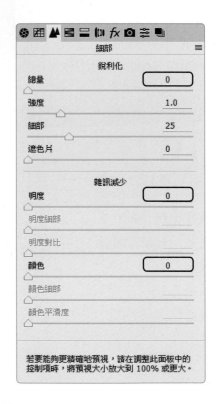

Camera Raw 開啟 RAW 格式，立刻提高「25」的影像「銳利化」，並抑制「顏色」雜點「25」。JPG 就沒有這種待遇了，同學可以看到 JPG 格式的「細部」面板，不管是「銳利化」或是「顏色」雜點，都是「0」。

A> 檢查 JPG 的細部面板

1. 開啟 Pic007_1.JPG
2. JPG 不顯示相機型號
3. 單響「細部」面板
4. 銳利化總量「0」
5. 明度雜訊減少「0」
6. 顏色雜訊減少「0」
7. 單響「取消」按鈕

盡量拍 RAW 格式

因為 JPG 是破壞性壓縮檔案，雖說不用轉換格式，就能直接看到影像，但本身的「壓縮性」不利於後製，建議大家盡量拍 RAW。

B> 觀察 RAW 的細部面板

1. 開啟 Pic007_2.DNG
2. RAW 顯示相機型號
3. 單響「細部」面板
4. 銳利化總量「25」
5. 明度雜訊減少「0」
6. 顏色雜訊減少「25」

明度雜訊減少為什麼是「0」？

降低「明度雜訊」容易影像照片的「清晰度」，所以 Camera Raw 留給攝影師自己控制，它不介入處理。

C> 色點曲線點模式

1. 還是 Pic007_2.DNG
2. 單響「色調曲線」面板
3. 單響「點」標籤
4. 沿著上方拖曳控制點
5. 注意色階圖中亮部的像素

曲線不要拉過頭

右側曲線控制色階中的「亮部像素」，拖曳時要特別留心色階圖中的亮部像素，不要太貼近色階圖右側，留點空間給「基本」面板。

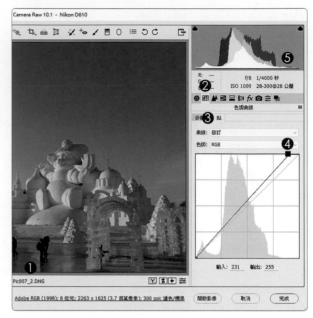

D> 調整「暗部」曝光

1. 單響「基本」面板
2. 向右 (亮部) 調整「陰影」
   數值約為「+50」
3. 調整「黑色」增強輪廓驗
   數值約為「-8」

調整「黑色」時要注意？

向左拖曳「黑色」滑桿時，眼睛要看哪裡？沒錯，要盯著色階圖左側的「暗部超出色域記號」，不要讓它變成「白色」喔！

E> 調整「亮部」曝光

1. 位於「基本」面板
2. 向左（暗部）調整「亮部」
   數值約「-32」
3. 調整「白色」增加明亮感
   數值約為「+20」

調整「白色」時要注意？

調整「白色」滑桿，增加照片明亮度時，眼睛要盯著色階圖右側的「亮部超出色域記號」，什麼顏色都好，就是不要變「白色」。

F> 先看看這個

1. 單響「汙點移除」工具
2. 取消「顯示覆蓋」
3. 勾選「顯現汙點」
4. 滑桿向右拉到底
5. 天空都是小白點

雜點的修正比較難察覺

透過印刷，減少明度雜訊很難看出差異，所以楊比比換一招，使用對比度極高的「顯現汙點」，先觀察天空明度雜訊的狀態。

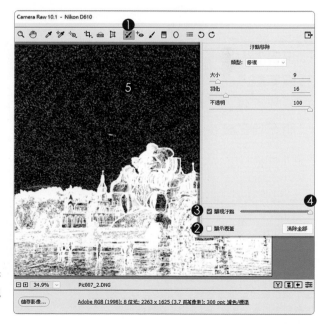

G> 調整顯示比例

1. 單響「縮放顯示」工具
   回到右側有面板的狀態
2. 顯示 ISO 為 1000
3. 單響「細部」面板
4. 提醒我們調整顯示比例

處理雜點前要先調整顯示比例

目前的照片像素都很高，照片在 Camera
Raw 視窗中會縮得很小，不容易看出減少雜
點後的狀態，所以建議大家提高顯示比例。

H> 減少明度雜訊

1. 單響顯示比例選單
2. 調整顯示比例為「100%」
3. 位於「細部」面板
4. 明度雜訊減少「25」

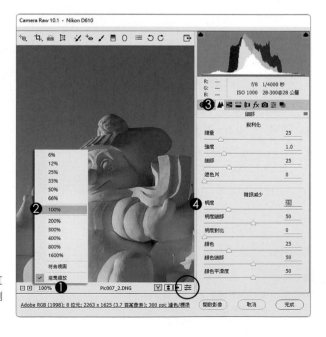

看不太出來吧

同學可以試著單響「面板預設值」按鈕（紅
圈）檢查修改前後的差異，或是將顯示比例
拉高到 200%，應該可以看出一點端倪。

I › 先回到全圖

1. 單響顯示比例選單
2. 單響「符合視圖」

或是

3. 雙響「手形工具」
4. 就能讓整張圖片
   顯示在編輯區中

複習兩款顯示工具

雙響「手形工具」：可以顯示全圖
雙響「縮放顯示工具」：顯示比例 100%

J › 檢查一下

1. 單響「汙點移除」工具
2. 取消「顯示覆蓋」勾選
3. 勾選「顯現汙點」
4. 滑桿還是拉到底喔
5. 如何！少了很多白點吧

楊比比獨門檢視雜點的方式

下次再有人說，看不出 Camera Raw 減少
雜點的作用時，同學就玩這一招給他看。

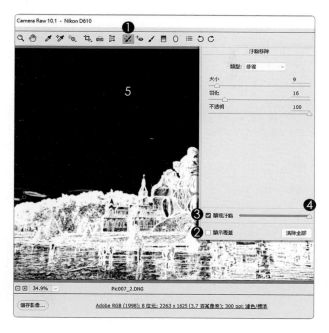

影像邊緣
銳利化處理

使用版本　Camera Raw 10.1
參考範例　Example\05\Pic008.JPG

為了維持照片原始的銳利度，Camera Raw 開啟 RAW 格式後，都會略為提高「銳利」數值，確保照片不會因為後製而失去原有的銳利度；但要如何讓銳利化的效果僅作用在邊緣，而不增加雜訊，就是這個範例要練習的重點。

銳利化總量：25
遮色片：0

當「遮色片」數值為「0」，表示「銳利化」總量作用在整張照片中，容易使照片中的顆粒更為明顯。

銳利化總量：25
按著 Alt 不放＋拖曳「遮色片」

按著 Alt 不放拖曳「遮色片」滑桿，影像會以黑白高對比顯示，「白色」線條即是「銳利化」作用的範圍。

A> 觀察照片

1. 開啟 Pic008.JPG
2. JPG 不顯示相機型號
3. 亮部與白色幾乎沒有像素
4. 鏡頭上汙點不少

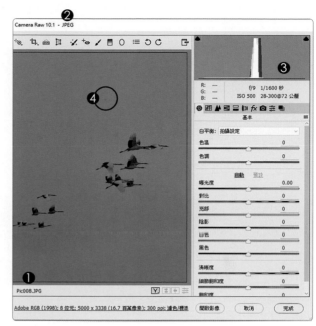

汙點需要先移除嗎？

不急！照片上的丹頂鶴飛得比較集中，應該得要「裁切」，構圖才會好一些；等裁切結束，再來看看有沒有需要移除的汙點。

B> 鏡頭校正

1. 單響「鏡頭校正」面板
2. 確認「描述檔」標籤
3. 勾選「移除色差」
   勾選「啟動描述檔校正」
4. JPG 抓不到鏡頭描述檔

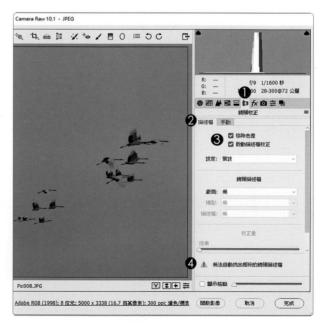

JPG 格式與老鏡抓不到鏡頭描述檔

看到黃色警告標誌了吧！多數無法自動找到鏡頭描述的照片，都是 JPG 格式，或是老鏡拍攝的照片，有印象吧，我們前面聊過。

C> 手動鏡頭描述校正

1. 位於「鏡頭校正」面板
2. 描述檔標籤中
3. 廠商「Nikon」
4. 挑一款合適的「機型」

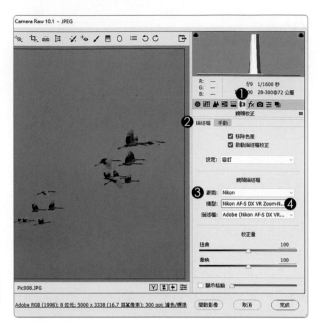

Nikon 利潤下滑 41%

由於 Nikon 這幾年利潤大幅下滑，近期傳出可能被富士 (Fujifilm) 併購的消息，唉！這可是金字招牌、百年老店呀！

D> 重新裁切構圖

1. 按著「裁切工具」按鈕不放
2. 裁切模式為「正常」
3. 勾選「顯示覆蓋」
   才能出現井字構圖線
4. 拖曳拉出裁切範圍
   拖曳控制點調整範圍
   按下 Enter 完成裁切

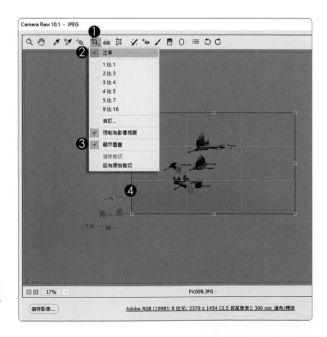

需要的範圍並不大

現在知道了吧，如果一開始就「汙點移除」那時間就算是白花了。記得，除非不裁切，否則請等裁切之後，再進行「汙點移除」。

E> 控制色階範圍

1. 單響「色調曲線」面板
2. 單響「點」標籤
3. 沿著曲線框上方
   拖曳控制點
4. 注意色階圖右側像素
   留一點「基本」調整的空間

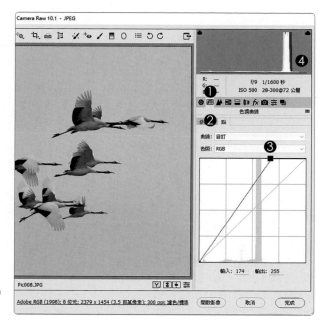

點曲線可以提供「基本」更大的調整空間

透過「點」曲線調整之後,「基本」面板中
五組控制曝光的參數調整的空間更大了。

F> 曝光調整

1. 單響「基本」面板
2. 曝光度「+0.25」
   將像素往亮部推過去
3. 白色「+22」增加明亮感
4. 黑色「-18」加強輪廓線

為什麼這樣調整曝光?

這張照片幾乎所有的像素都集中在色階圖的
一個區域中,所以先透過「曝光度」讓像素
向亮部偏移,再增加「白色」與「黑色」兩
組參數,強化丹頂鶴的線條輪廓與明亮度。

G> 改變色溫

1. 位於「基本」面板
2. 向左 (偏藍調) 調整「色溫」
   數值約為「-8」
3. 天空有些偏藍

天空陰陰的

透過「色溫」的略為調整，可以讓原本慘白
的天空透著微藍，看起來比較舒服。喜歡暖
色調的同學，可以將「色溫」滑桿往右側調
整，讓照片展現黃昏色調，也很美！

H> 雜訊減少

1. 單響「細部」面板
2. 明度雜訊減少「25」
3. 顏色雜訊減少「25」

不需要先調整顯示比例嗎？

主要是 Camera Raw 不提供 JPG 格式雜點
減少的服務，又加上 ISO 不高 (紅框)，所
以不需要特別觀察，只要將明度與顏色雜訊
減少數值控制在「25」，就能將基本雜點抑
制的很好，不需要特別調整檢視比例。

I > 增加銳利化

1. 位於「細部」面板
2. 銳利化總量「25」
3. 看不太出來吧

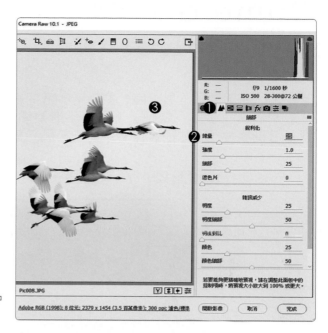

突然想到一件事

雜點減少的前後，可以透過「汙點移除」中的「顯現汙點」來觀察，大家還記得吧！

J > 銳利化邊緣

1. 位於「細部」面板
2. 按著 Alt 按鍵不放
   向右拖曳「遮色片」滑桿
3. 盯著編輯區中的黑白對比
   直到白色範圍
   僅僅落在丹頂鶴邊緣
   就可以停止拖曳遮色片囉

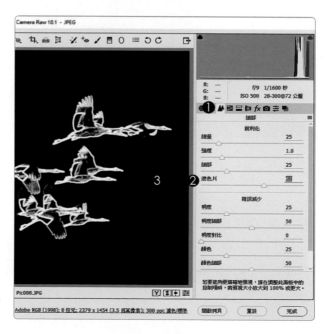

遮色片不能單獨拉

一定要先按著「Alt」不放，才能拖曳「遮色片」滑桿，藉以觀察銳利化作用的範圍。

Camera RAW
局部調整工具

老實說，局部調整工具沒有什麼新的參數，都是同學們熟悉的「曝光」、「色調」、「銳利」與「雜點」。雖然不需要學習新的參數，但是要掌握住局部控制工具操方式，才能將照片中的細節與色調控制的更完美。

調整筆刷、漸層濾鏡、放射狀濾鏡工具共用同一組面板

每次使用都要讓面板參數「歸零」

由於三款局部調整工具共用同一個面板，為了避免彼此間的干擾，記得每次使用前，一定要先將面板參數歸零。

1. 單響「選項按鈕」

2. 單響「重設局部校正設定」

3. 面板中所有的參數都「歸零」

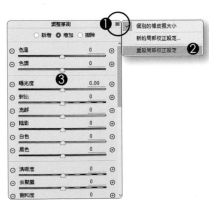

局部調整工具
使用的時機

三款局部調整工具使用相同的「面板」、使用相同的「參數」，連控制模式與遮色片都相同，唯一的差異就是局部調整工具控制的範圍了。「調整筆刷」、「漸層濾鏡」與「放射狀濾鏡」三款工具的控制範圍如下。

調整筆刷：小範圍。例如：眼睛要亮一點、眉毛要黑一點。

漸層濾鏡：大範圍。例如：天空要降低雜點、大片草坪要綠一點。

放射狀濾鏡：圓形範圍。例如：控制星芒範圍內的曝光與明暗。

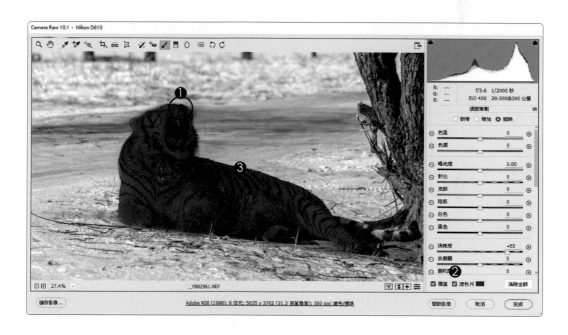

東北虎就是小範圍

要提高東北虎身上皮毛的「清晰度」與「亮度」，該選用的局部調整工具就是「調整筆刷」，因為範圍不大、也不規則，因此操控度極佳的「調整筆刷」就是首選。

1. 調整筆刷「覆蓋點」

2. 開啟「遮色片」模式

3. 就能顯示筆刷作用範圍

局部調整（一）
提高清晰度

使用版本　Camera Raw 10.1
參考範例　Example\05\Pic009.DNG

原圖　　局部清晰

控制調整筆刷的大小

Photoshop、Lightroom 與 Camera Raw 調整「筆刷」的大小都可以使用左右方括號（ [/] ）進行筆刷尺寸的控制。

實心圓圈才
是筆刷尺寸

縮小筆刷尺寸：[
增加筆刷尺寸：]

局部調整的遮色片範圍

「遮色片」是一個容易引起誤會的詞，嚴謹一點說，應該是「調整範圍」。勾選局部調整面板上的「遮色片」（1）就可以在編輯區中看到我們使用局部調整工具作用的範圍，就像右圖中覆蓋藍色的東北虎。

開啟「遮色片」就能看到目前調整的範圍

A> 檢視照片

1. 開啟 Pic009.DNG
2. 地面都是雪
3. 所以亮部像素很多
4. 位於「基本」面板
5. 曝光參數都已經設定好了

曝光之前要做些什麼？

修片程序：鏡頭校正→變形拉直→裁切。雖
說不是每一張照片都要「校正變形」或是「重
新裁切」，但這套程序，同學還是要記得。

B> 把背景清乾淨一些

1. 單響「汙點移除」工具
2. 類型「修復」
3. 適度調整筆刷「大小」
4. 勾選「顯示覆蓋」
5. 塗抹樹幹（紅色覆蓋點）
6. 調整綠色取樣點的位置

汙點移除筆刷大小

記得先關閉中文輸入法，按左右方括號（[/
]），就可以調整「筆刷」的大小。

C> 繼續修復後方背景

1. 位於「汙點移除」筆刷
2. 勾選「顯示覆蓋」
3. 塗抹樹幹（紅色覆蓋點）
4. 調整綠色取樣點的位置
5. 不是作用中的移除範圍
   以「白色」覆蓋點標示

如果要修改「白色」覆蓋點

移動指標到「白色」覆蓋點上，看到指標成為「移動標記」，單響「白色」覆蓋點，就能啟動覆蓋點，繼續調整修復範圍。

D> 降低明度雜訊

1. 單響「細部」面板
2. ISO 值不高
   快門速度也夠快
3. 明度雜訊減少「20」

這是保養用的

就跟上了年紀，要吃保養品一樣。雖說 ISO 不高，快門速度也夠，但是先降低雜訊，可以讓後面的銳利化效果更好。這類保養用的降噪數據盡量控制在「25」之內。

E> 影像邊緣銳利

1. 位於「細部」面板
2. RAW 格式預設銳利化
   數值已經是「25」
3. 按著 Alt 不放
   向右拖曳「遮色片」滑桿
4. 盡量讓「白色」範圍
   落在東北虎的邊緣上

RAW 格式的預設細部數值

只要是 RAW 格式，細部面板會自動提供「銳利化」與「顏色」雜訊減少「25」的優惠。

F> 調整筆刷參數歸零

1. 單響「調整筆刷」工具
2. 預設為「新增」模式
3. 面板上的參數可能亂糟糟的
4. 單響面板「選項」按鈕
5. 單響「重設局部校正設定」

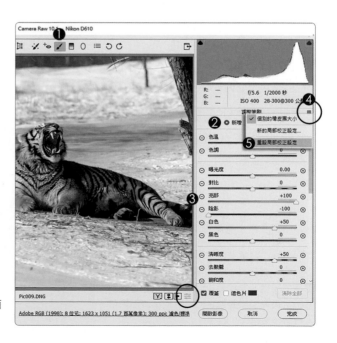

注意「面板預設值」按鈕

當右側面板的參數還沒有作用到圖片中，「面板預設值按鈕」（紅圈）是失效的。

G> 建立調整筆刷作用範圍

1. 位於「調整筆刷」工具
2. 面板上的參數歸零
3. 向右調整「清晰度」
   數值約為「+32」
4. 勾選「遮色片」
5. 拖曳筆刷塗抹老虎頭部

提醒兩件事

首先，記得先透過左右方括號，控制「調整筆刷」的大小。另外，是不是覺得這樣建立「調整筆刷」的作用範圍，很不精準，沒事的，我們換一招，繼續往下看。

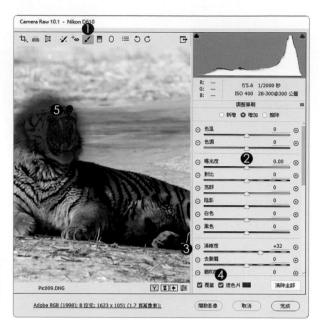

H> 刪除作用覆蓋區

1. 因為勾選「覆蓋」
2. 所以能看到「紅色覆蓋點」
3. 按下「清除全部」按鈕
   就能刪除編輯區中
   所有調整筆刷的作用區

記住「遮色片」就是局部工具作用範圍

剛開始玩「局部調整工具」，記得勾選面板下方的「遮色片」，方便我們確認「局部調整」的範圍。同學可以試著單響「遮色片」旁的「色塊」變更遮色片（也就是局部調整工具的作用範圍）的顏色。

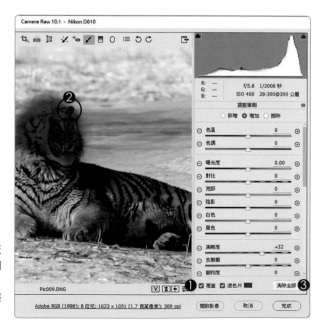

I > 自動使用遮色片

1. 位於「調整筆刷」工具
2. 面板下方
   勾選「自動使用遮色片」
3. 筆刷移入老虎頭部
   再次拖曳筆刷塗抹老虎
4. 確認勾選「遮色片」

自動遮色片

開啟「自動使用遮色片」之後，可以依據色
彩差異，限制筆刷塗抹的範圍。塗抹時盡量
不要放開指標，一筆拖曳到底，這樣自動遮
色片偵測的顏色與範圍會比較準。

J > 補一下小範圍

1. 位於「調整筆刷」工具
2. 模式「增加」
   拖曳塗抹可以增加作用範圍
3. 取消「自動使用遮色片」
4. 拖曳筆刷把總是塗不到
   的區域塗滿

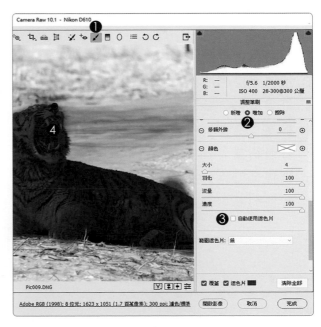

自動遮色片會依據顏色限制範圍

因為自動遮色片會依據顏色限制筆刷塗抹的
區域，所以有些地方怎麼刷，都刷不到，所
以同學可以先取消「自動使用遮色片」的勾
選，再使用筆刷塗抹，會比較順利。

K > 擦除多餘的作用區

1. 位於「調整筆刷」工具
2. 單響「擦除」模式
3. 適度調整筆刷「大小」
4. 確認勾選「遮色片」
5. 勾選「自動使用遮色片」
6. 由雪地往老虎邊緣拖曳
   就能順利擦拭多餘的範圍

自動使用遮色片起始點

自動使用遮色片是依據筆刷拖曳點的顏色來
限制筆刷的作用範圍，因此擦拭時，記得由
外側的雪地開始塗抹，才能擦的乾淨。

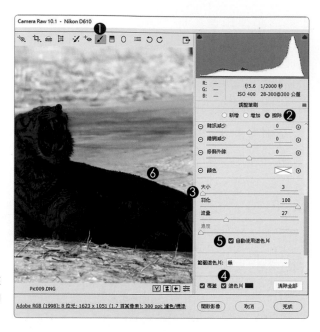

L > 局部暗部曝光

1. 位於「調整筆刷」工具
2. 取消「遮色片」勾選
3. 紅色覆蓋點標示著作用區
4. 提高「陰影」亮度
   數值約為「+60」
5. 調整「黑色」強化輪廓線
   數值約為「-10」

作用範圍很重要

局部調整工具，就是範圍的建立比較花時
間，否則曝光、色調、清晰度、飽和度，這
些都是同學熟到不能再熟的參數了。

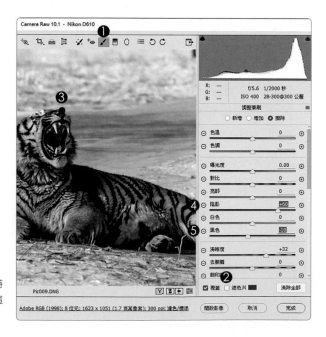

M > 局部亮部曝光

1. 位於「調整筆刷」工具
2. 作用範圍就在老虎身上
3. 調整「亮部」細節
   數值約為「-42」
4. 調整「白色」調高明亮感
   數值約為「+18」

隨時可以調整面板參數

紅色覆蓋點對應的就是面板的參數，只要修
改面板中的數值，紅色覆蓋點作用範圍內的
像素就會跟著修改。

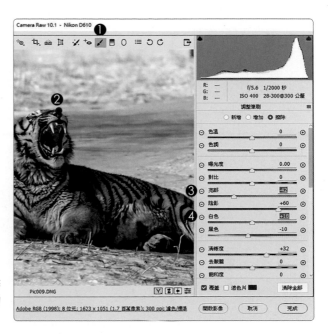

N > 觀察工具面板

1. 位於「調整筆刷」工具
2. 單響「面板預設值」按鈕
3. 隱藏作用中的紅色覆蓋點
   並關閉面板中的參數
   再單響「面板預設值」按鈕
   就能恢復面板的參數

複習兩組快速鍵

首先，關閉中文輸入法。按「P」可以看到
Camera Raw 中，所有工具與面板修改前
後的差異。按面板旁的「預設值」按鈕，可
以觀察到「目前面板」修改前後的差異。

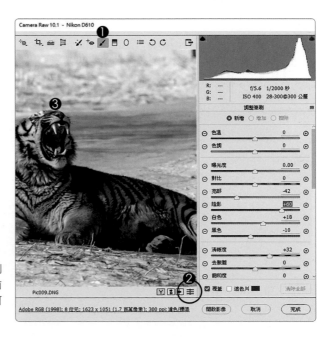

局部調整（二）
分區曝光控制

使用版本　Camera Raw 10.1
參考範例　Example\05\Pic010.DNG

新增局部調整作用區

我們要透過「調整筆刷」建立三組不同曝光、不同清晰度的調整範圍。包含左側的山體、下方的溪流、以及右側有點過曝的黃草地，步驟不少，加油！

A > 檢視照片

1. 開啟 Pic010.DNG
2. 位於「基本」面板
3. 整體曝光都調整好了
4. 亮部「藍色」色版過曝
   單響超出色域記號
5. 紅色標示超出色域範圍

整體曝光都調整好了

但仍然有些地方過曝，這就是「局部調整工具」上場的時機了，因為過曝範圍不大，所以選擇「調整筆刷」工具控制小範圍的過曝。

B > 局部調整面板歸零

1. 單響「調整筆刷」工具
2. 面板參數可能很亂
3. 單響「面板選項」按鈕
4. 單響「重設局部校正設定」
5. 預設模式為「新增」

遮色片

局部調整工具面板下方的「遮色片」，同學可以依據需求，勾選或是取消勾選，藉以觀察局部調整工具的作用範圍。

C> 控制局部亮部曝光

1. 超出色域記號還是開啟的
2. 位於「調整筆刷」工具
3. 向左（暗部）調整「亮部」
   數值約為「-50」
4. 取消「遮色片」勾選
5. 筆刷塗抹紅色過曝區域
   顯示覆蓋記號

觀察亮部超出色域記號

記號變為「黑色」後，就可以停止塗抹，並
單響「亮部超出色域記號」，關閉亮部標示。

D> 擴大調整範圍

1. 位於「調整筆刷」工具
2. 模式「增加」
3. 勾選「自動使用遮色片」
4. 勾選「遮色片」
5. 筆刷塗抹偏亮的地面

亮度曝光控制

目前編輯區中顯示的藍色作用區，亮度都會
降低「-50」；另外，如果筆刷塗抹的範圍太
大，可以切換到「擦除」模式，並適度調整
筆刷大小，擦拭多餘的作用範圍。

240

E> 新增第二個調整範圍

1. 單響「新增」模式
2. 左側山體太暗
3. 單響兩次陰影「＋」按鈕
   數值「+50」
4. 面板中其他參數歸零

重要！請勿跳過

兩件事說明 ◄┄┄┄

首先，照片太暗，要調整的參數是「陰影」
沒錯吧！其次，為了讓局部調整面板參數歸
零，並提高「陰影」亮度，可以直接單響參
數左右兩側的「-」或是「+」，來調整數值
並將其他參數的數值「歸零」，非常方便。

F> 局部暗部曝光調整

1. 位於「調整筆刷」工具
2. 勾選「自動使用遮色片」
3. 勾選「遮色片」
4. 筆刷塗抹左側山體

為什麼陰影的數值是「+50」

猜的！等調整範圍塗抹完畢，取消「遮色片」
勾選，再依據山體的狀態，調整「陰影」到
適當的數值，當然也可以加入其他的參數。

G> 調整作用範圍的曝光

1. 取消「遮色片」勾選
2. 紅色覆蓋點標示調整範圍
3. 調整「黑色」加強輪廓線
   數值約為「-10」
4. 調整「色調」略為偏綠
   數值約為「-15」

調整範圍的增減

建立調整範圍時，建議開啟「遮色片」，藉以觀察調整範圍，必要時可以切換到「擦除」模式，將多餘的區域清除掉。

H> 新增第三個調整範圍

1. 位於「調整筆刷」工具
2. 單響「新增」模式
3. 單響清晰度的「+」按鈕
   增加數為「+25」
4. 面板中的其他數值歸零

為什麼是清晰度？

清晰度控制「黑色」與「白色」兩個色階區域，可以使溪水 (還是河水) 更清澈，因此單響「清晰度」旁的「+」按鈕，增加數值的同時，還能使其他參數歸零，非常方便。

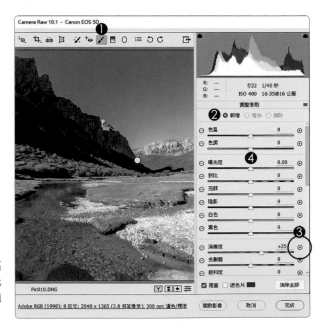

I > 建立調整範圍

1. 位於「調整筆刷」工具
2. 勾選「自動使用遮色片」
3. 勾選「遮色片」
4. 筆刷塗抹溪水

建立調整範圍時，一定要開啟「遮色片」嗎？

剛開始練習「局部調整」，還是打開「遮色
片」比較能確定作用區域，如果塗的範圍太
大，還可以即時切換到「擦除」模式，適度
條筆刷大小，擦除多餘的調整範圍。

J > 修正參數

1. 位於「調整筆刷」工具
2. 取消「遮色片」勾選
3. 清晰度「+50」
4. 調整「白色」增加明亮度
   數值約為「+24」
5. 色調略為偏綠「-36」

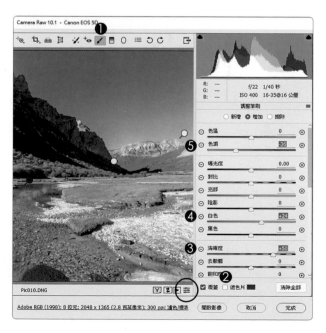

面板預設值

現在同學可以單響「面板預設值」按鈕（紅
圈），暫時關閉目前面板的控制，看看照片
修改前；再次單響「面板預設值」按鈕，開
啟面板參數，比對照片修改後。

Camera RAW
後製修片邏輯

寫書，總是會有些擔心，擔心同學漏掉一段沒有看到，或是照片越修，觀念越混亂。所以麻煩同學們跟著楊比比複習 Camera Raw 中的修片程序，從「鏡頭校正」開始，到目前的「局部調整工具」，來看看吧！

整體調整程序

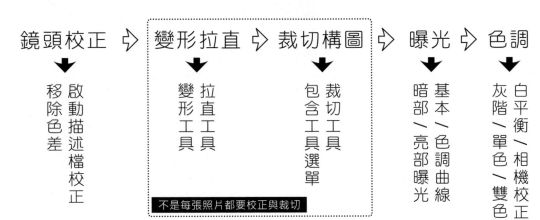

鏡頭校正 ⇨ 變形拉直 ⇨ 裁切構圖 ⇨ 曝光 ⇨ 色調

移除色差／啟動描述檔校正

變形工具／拉直工具

裁切工具／包含工具選單

不是每張照片都要校正與裁切

暗部／亮部曝光／基本／色調曲線

白平衡／相機校正／灰階／單色／雙色

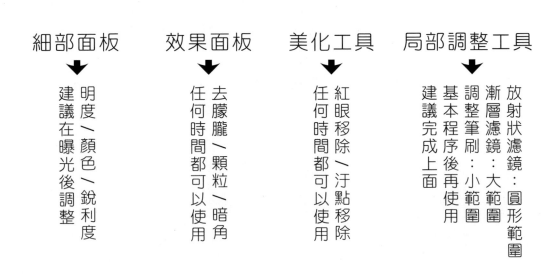

細部面板

建議在曝光後調整／明度／顏色／銳利度

效果面板

任何時間都可以使用／去朦朧／顆粒／暗角

美化工具

任何時間都可以使用／紅眼移除／汙點移除

局部調整工具

建議完成上面基本程序後再使用／調整筆刷：小範圍／漸層濾鏡：大範圍／放射狀濾鏡：圓形範圍

Camera RAW
常用快速鍵

楊比比每次看 Adobe 官方網站上所列出的 Camera Raw 快速鍵表單，腦袋都會突然空白，就算是吃了記憶麵包（知道吧！多拉 A 夢的寶貝）也記不了這麼多的快速鍵，所以楊比比只列出常用的，還是最常用的那幾組。

功能鍵作用	Windows	macOS
整體修改前 / 後	P	P
全螢幕模式	F	F
即時切換「手形工具」	Space（空白鍵）	Space（空白鍵）
縮放顯示工具（放大鏡）	Z	Z
還原	Ctrl+Alt+Z	Command+Option+Z
減少目前筆刷大小	[	[
增加目前筆刷大小	]	]
開啟 / 關閉遮色片	Y	Y
開啟 / 關閉覆蓋點	V	V
反轉作用方向	X	X
結束工具	Enter	Enter

面板預設值 注意「面板預設值」按鈕的圖示

▲ 滑桿左右推移表示編輯區照片為「參數調整後」

▲ 滑桿排列整齊表示編輯區照片為「預設值」

局部調整（三）
抽色處理進化版

使用版本　Camera Raw 10.1
參考範例　Example\05\Pic011.DNG

原圖　抽色處理後

筆刷的基本屬性

Camera Raw 的筆刷屬性，包含「大小」、「羽化」、「流量」以及應該會被移除的「流量」四項基本屬性。

大小：10
羽化：0

大小：10
羽化：100

羽化：100
流量：50

筆刷的「流量」與「濃度」控制筆刷塗抹作用的強度，降低「流量」或是「濃度」塗抹的範圍會呈現「半透明」狀，作用強度降低。

A> 檢視照片

1. 開啟 Pic011.DNG
2. 像素分佈得很平均
3. 位於「基本」面板
4. 曝光已經調整完畢

什麼樣的照片適合「抽色」?

有點難說,以楊比比自己的經驗來說,只要
照片元素多、色彩多 (像是街景或是夜市)
就會使用「抽色」手法,讓畫面色調單純。

B> 基本抽色方式

1. 單響「HSL/ 灰階」面板
2. 單響「飽和度」標籤
3. 紅色與橘黃色不動
4. 其他顏色飽和度
   調整為「-100」

飽和度

是指顏色「鮮艷的程度」,數值越高,顏色
越鮮亮、濃郁;當飽和度數值降低到「-100」
時,會以灰色取代照片原有的顏色。

C > 提高紅色調的飽和度

1. 位於「HSL / 灰階」面板
2. 還是在「飽和度」標籤
3. 想要提高紅色調的飽和度

提高顏色的飽和度

除了可以透過「飽和度」面板之外，還有另一個管道 ... 想一下 ... 再想一下 (似乎看到一片空洞的眼神) 來！我們看「相機校正」。

D > 提高單一色調的飽和度

1. 單響「相機校正」面板
2. 向右拖曳紅色「飽和度」
   數值約為「+28」

RGB 色版

相機校正面板中提供「紅色 R」、「綠色 G」與「藍色 B」色版的「色相」及「飽和度」控制，要提高某一個色調的飽和度，透過「相機校正」中的色版，會比較方便快速，不需要拉好幾根滑桿，同學可以試試。

E> 局部調整面板參數歸零

1. 單響「調整筆刷」工具
2. 面板參數可能很亂
3. 單響「面板選項」按鈕
4. 單響「重設局部校正設定」
   使調整筆刷面板參數歸零

兩種歸零的方式

除了「重設局部校正設定」之外，同學還可以直接單響需要調整參數兩側的「-」或是「+」，變更參數值，並使其他參數歸零。

F> 抽離主體以外的顏色

1. 位於「調整筆刷」工具
2. 調整「飽和度」為 -100
3. 減少「羽化」為「25」
   筆刷邊緣模糊範圍不大
4. 流量與濃度都是「100」
5. 筆刷塗抹人物以外的區域

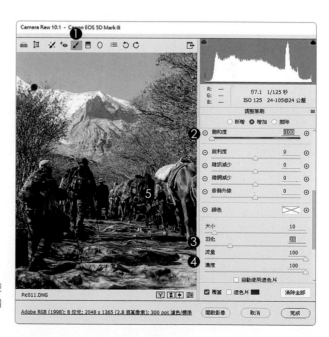

配合控制範圍調整筆刷大小

剛開始塗抹照片時，筆刷可以大一點，等接近主體人物時，記得縮小筆刷，或是使用「縮放顯示工具」拉近影像，小心處理。

局部調整（四）
漸層中灰鏡效果

使用版本　Camera Raw 10.1
參考範例　Example\05\Pic012.DNG

原圖　加入漸層濾鏡

建立漸層濾鏡的作用範圍

拉出漸層濾鏡的邏輯是：由「作用範圍」開始往「不是作用範圍」拖曳漸層
濾鏡的作用線。「綠色」為濾鏡起始點、「紅色」為濾鏡結束點。

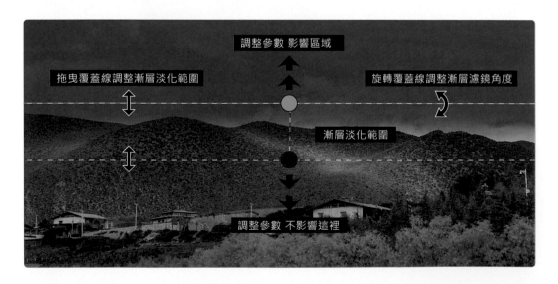

調整參數 影響區域

拖曳覆蓋線調整漸層淡化範圍

旋轉覆蓋線調整漸層濾鏡角度

漸層淡化範圍

調整參數 不影響這裡

A > 檢視照片

1. 開啟 Pic012.DNG
2. 暗部沒有超出色域
3. 亮部沒有超出色域
4. 位於「基本」面板
5. 曝光都調整囉

曝光之前的程序是？

這張不需要「變形校正」，也沒有重新「構圖裁切」，「鏡頭校正」後，直接進入「基本」面板，進行「暗部」與「亮部」曝光控制。

B > 換一個藍色

1. 單響「相機校正」面板
2. 藍色色相「+12」
3. 飽和度「+10」
4. 改變藍天的顏色與飽和度

這是個人喜好

楊比比喜歡有點偏紫的藍天，同學可以依據自己的喜好，調整藍色的「色相」與「飽和度」；飽和度也不一定要增加，某些狀況下，降低飽和度，也別有意境，同學試試。

C> 重設局部調整面板參數

1. 單響「漸層濾鏡」工具
2. 單響「黑色」的「-」按鈕
   數值調整為「-25」
3. 面板中的其他參數歸零

「+」與「-」有重設其他參數的作用

單響參數左右兩側的「+」或是「-」，可以
控制數值，並讓面板的其他數值歸零。如果
要讓面板中其他參數加入作用區，請直接拖
曳滑桿，不需要再單響「+」或是「-」。

D> 建立漸層範圍

1. 位於「漸層濾鏡」工具
2. 開啟「覆蓋」
3. 開啟「遮色片」
4. 作用範圍是天空
   請由山體上方向下拖曳

遮色片就是作用範圍

遮色片這個詞喔（楊比比唸很多次了）很容
易被誤會，所以再解釋一次。局部調整工具
的「遮色片」就是作用範圍，開啟遮色片項
目的勾選，就能看到調整參數作用的範圍。

E> 反轉作用範圍

1. 位於「漸層濾鏡」工具
2. 確認勾選「遮色片」
3. 關閉中文輸入法
   按下「X」按鍵
   作用範圍反轉到另一側

快速鍵「X」

除了「漸層濾鏡」工具之外，還可以使用在「裁切工具」中，對調裁切的寬度與高度。

F> 再轉回來

1. 位於「漸層濾鏡」工具
2. 確認「遮色片」勾選
3. 中文輸入法關閉了吧
   按下「X」對調作用範圍

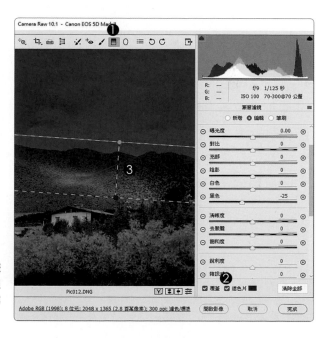

使用率高的「X」反轉作用範圍

楊比比每次都把「反轉作用範圍」寫在步驟下方的小字（就是同學現在看的這裡啦）但看到的人似乎不多，所以把反轉作用範圍寫成步驟，這樣不看都不行（握拳）。

G > 調整漸層範圍

1. 位於「漸層濾鏡」工具
2. 勾選「遮色片」
3. 濾鏡的作用範圍在天空
4. 指標移動到淡化區域中
   看到「移動」指標
   拖曳調整漸層作用的範圍

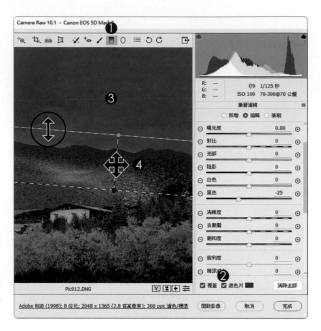

增加漸層淡化範圍

試著將指標移動到綠色或是紅色覆蓋線上
方，看到上下調整箭頭（紅圈），就能拖曳
「覆蓋線」擴大漸層淡化的範圍。

H > 調整漸層數值

1. 位於「漸層濾鏡」工具
2. 取消「遮色片」勾選
3. 拖曳「黑色」滑桿
   數值約為「-100」
4. 天空的藍色混入更多的黑色
   明度降低，變為深藍

山頭變黑了...

玩過漸層鏡的同學都知道，漸層鏡很難遮的
剛剛好，總會有些地方黑掉，別擔心，影像
後製的彈性很大，來！我們繼續。

I > 擦除多餘範圍

1. 位於「漸層濾鏡」工具
2. 勾選「遮色片」
3. 顯示漸層濾鏡作用範圍
4. 單響「筆刷」模組
5. 單響「擦除」模式
6. 適度調整筆刷「大小」
7. 降低邊緣模糊的「羽化」
   數值約為「10」
8. 勾選「自動使用遮色片」
9. 筆刷塗抹山頂

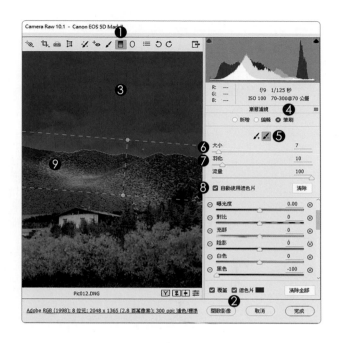

J > 修正參數

1. 位於「漸層濾鏡」工具
2. 單響「編輯」模式
3. 取消「遮色片」勾選
4. 拖曳「清晰度」滑桿
   數值約為「+30」
5. 拖曳「亮部」滑桿
   降低雲朵的亮度並增加細節
   數值約為「-25」

試試快速鍵「V」

關閉中文輸入法 (看在楊比比唸這麼多次的
份上，一定要記得呀) 按下「V」可以切換
「覆蓋」點與線條的開啟 / 關閉。

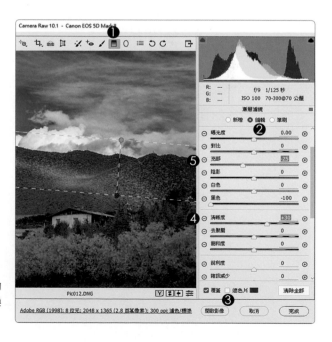

局部調整（五）
雙色溫技法

使用版本　Camera Raw 10.1
參考範例　Example\05\Pic013.DNG

調整範圍分為三區

這張圖片有三個區域需要調整，依據範圍的大小，可以使用「漸層濾鏡」與「調整筆刷」進行控制，楊比比把區域劃分出來，同學試著不看步驟自己做一次。

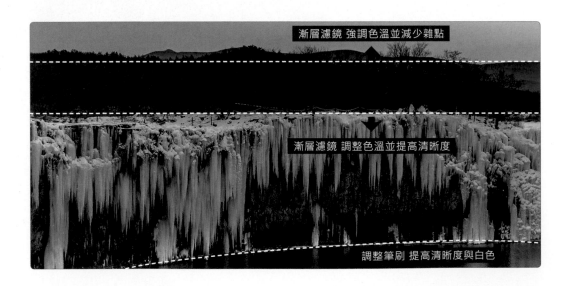

A> 檢視照片

1. 開啟 Pic013.DNG
2. 位於「基本」面板
3. 白平衡「拍攝設定」
4. 藍色的天空
   帶點暖黃的色溫
5. 冰瀑似乎太藍

面板預設值

同學可以試著單響「面板預設值」按鈕，看看基本面板的曝光還沒有調整前，照片原始的曝光狀態。看完之後，記得再單響一次「面板預設值」按鈕，恢復基本面板的曝光設定。

B> 自動白平衡

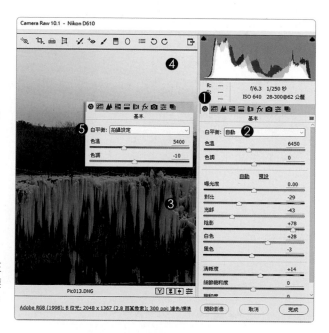

1. 位於「基本」面板
2. 白平衡「自動」
   同時修正「色溫」與「色調」
3. 改善冰瀑偏藍的色調
4. 同時調整了天空的藍
5. 白平衡改回「拍攝設定」

想留住天空那一抹淡藍

也不能說「自動」白平衡霸道，它的確修正冰瀑偏藍的色調，但同時也奪走楊比比想要保留的「藍調」天空。想在兩者間尋找平衡，就需要「局部調整」工具上場囉！

C> 局部調整面板參數歸零

1. 單響「漸層濾鏡」工具
2. 單響「面板選項」按鈕
3. 單響「重設局部校正設定」
4. 面板參數歸零

也可以使用「-」或是「+」

接下來會使用「漸層濾鏡」增加天空的藍調
並降低雜點，可以試著單響「色溫」滑桿旁
的「-」按鈕，調整色溫，並使其他參數歸零。

D> 建立漸層作用範圍

1. 色溫「-10」偏藍
2. 飽和度「+10」
3. 雜訊減少「+25」
4. 勾選「遮色片」
5. 由天空向下拖曳漸層範圍

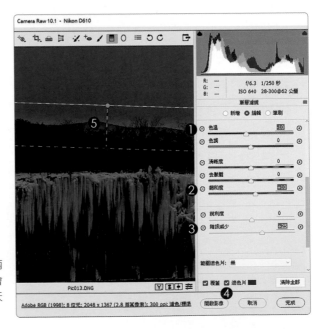

雜訊減少

可以同時降低天空的「明度」與「顏色」兩
種類型的雜訊。數值先不要拉的太高，等會
取消「遮色片」後，可以拉近圖片，觀察天
空的雜點狀態，再調整「雜訊減少」數值。

E> 調整作用範圍參數

1. 位於「漸層濾鏡」工具
2. 取消「遮色片」勾選
3. 綠色與紅色覆蓋點
4. 表示目前狀態為「編輯」
5. 混入一些「黑色」
   降低顏色的明度
   能提高顏色的濃度
6. 飽和度可以拉高一點

調整漸層濾鏡的作用範圍

試著將指標移動到漸層作用範圍中間的控制
線上，拖曳調整漸層濾鏡的作用範圍。

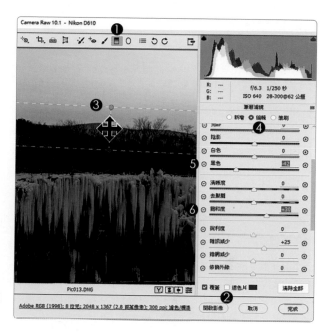

F> 新增一組漸層參數

1. 位於「漸層濾鏡」工具
2. 單響「新增」模式
3. 變成「白色」覆蓋點
   與面板中的參數
   失去連結

白色覆蓋點

白色覆蓋點表示覆蓋點所含括的區域處於
「非作用中」，目前局部調整面板中所有的
參數都不會影響白色覆蓋點所作用的區域。

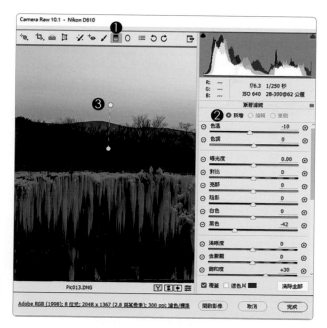

G> 先暫停一下

1. 單響「顏色取樣器」工具
2. 單響冰瀑建立取樣點
3. 顯示取樣點的 RGB 數值

得先有個參考

都知道冰瀑偏藍，但藍到什麼程度，沒有參考數據，實在很難調整。透過「顏色取樣器」建立參考數據之後，就可以看出「藍色 B」數值最高（嗯！真的是偏藍，哈哈）。

H> 調整冰瀑的色溫

1. 單響「漸層濾鏡」工具
2. 單響「色溫」的「+」
   數值調整為「+25」
3. 面板中其他參數歸零
4. 勾選「遮色片」
5. 控制區是冰瀑
   所以由冰瀑往上拖曳漸層

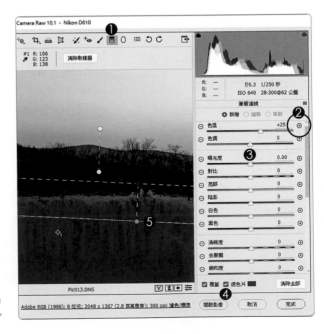

開啟 / 關閉「遮色片」

建立局部調整時，經常需要開啟「遮色片」檢查作用範圍，建議把快速鍵「V」記下來。

I> 注意顏色取樣值

1. 位於「漸層濾鏡」工具
2. 取消「遮色片」勾選
3. 向右拖曳「色溫」滑桿
4. 注意 R 數值的變化
5. 向右拖曳「色調」滑桿
   注意 G 數值的變化

RGB 取樣值接近就好

RGB 取樣數值不見得要完全相同，數值差異
在「5」之內，都可以接受。

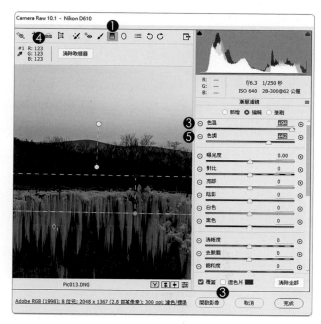

J> 控制作用範圍的參數

1. 位於「漸層濾鏡」工具
2. 取消「遮色片」勾選
3. 位於「編輯」模式
4. 作用覆蓋區是冰瀑
5. 白色「+25」增加明亮度
6. 清晰度「+10」增加立體感

冰瀑上方有點偏藍

同學可以試著將目前的漸層作用範圍略為向
上拖曳一些，或是切換到「筆刷」（紅圈）
模式，將漸層淡化區中的冰瀑加強一下。

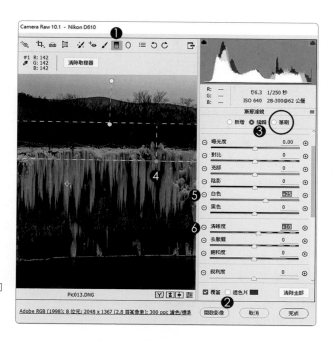

K> 移除取樣點

1. 即便範圍經過參數調整
   RGB 取樣值還是相同
2. 單響「清除取樣器」按鈕
3. 清除編輯區中取樣點

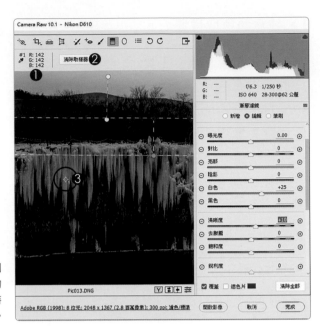

清晰度的控制範圍

清晰度控制的「黑色」與「白色」兩個範圍
內的像素,數值越高,「黑白」兩區域內的
像素就越多,因此調整「清晰度」時,請特
別注意色階圖左右兩側的「超出色域」記號。

L> 控制湖水

1. 單響「調整筆刷」工具
2. 單響「清晰度」的「+」
   將數值調整為「+25」
3. 並使其他參數歸零
4. 勾選「自動使用遮色片」
5. 單響「Y」開啟「遮色片」
6. 筆刷塗抹下方湖水

作用範圍太了囉

最好在「遮色片」開啟的狀態下,進行「擦
除」動作,這樣比較能看出擦拭的範圍。

M> 擦除多餘的作用範圍

1. 位於「調整筆刷」工具
2. 確認「遮色片」勾選
3. 勾選「自動使用遮色片」
4. 單響「擦除」模式
5. 適度調整筆刷「大小」
6. 筆刷塗抹在湖面上方

應該有同學想玩玩快速鍵

調整筆刷的「增加」模式下，按著 Alt 不放
就能切換為「擦除」模式，擦拭完畢，放開
Alt 就能回到筆刷的「增加」模式。

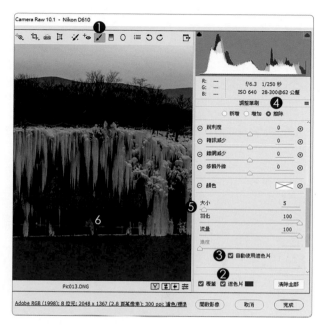

N> 調整湖面的參數

1. 位於「調整筆刷」工具
2. 按下「Y」關閉「遮色片」
3. 色溫「-22」偏藍
4. 白色「+62」增加明亮感
5. 清晰度「+55」
   湖面的煙霧更清晰

局部調整工具可以同時使用

經過這個範例的練習，同學應該能抓到一個
重點：局部調整工具的參數是相同的，操作
方式也是接近的，只要依據範圍的不同，或
是說面積的大小，來挑選工具就可以囉！

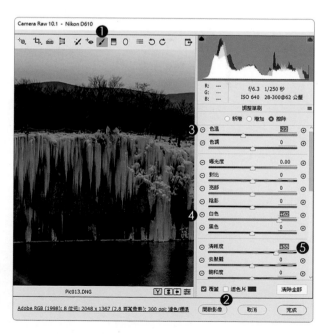

局部調整（六）
保護星芒

使用版本　Camera Raw 10.1
參考範例　Example\05\Pic014.DNG

原圖　調整星芒以外的曝光

放射狀濾鏡調整範圍

放射狀濾鏡的作用範圍是「圓形」，中間有「紅色」覆蓋點，外側有可以調整範圍與旋轉角度的「綠色」控制線。覆蓋點上單響「右鍵」可以顯示「局部調整選單」，提供「複製」、「刪除」與「重設局部校正設定」等功能。

複製
刪除

填滿影像

重設局部校正設定
清除筆刷修改

三款局部調整工具覆蓋點上單響「右鍵」就能顯示「局部調整選單」。

A> 檢視照片

1. 開啟 Pic014.DNG
2. 超出色域記號是「白色」
   表示好幾個色版的像素
   同時超出色域（過曝）
   單響「超出色域記號」
3. 星芒過曝
4. 基本面板的參數還沒調整

記得關閉「超出色域」記號

就算不單響亮部「超出色域」記號，也知道
哪裡過曝！記得再次單響亮部「超出色域」
記號，關閉紅色過曝範圍的顯示喔！

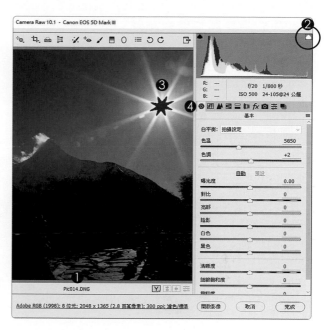

B> 建立圓形調整範圍

1. 單響「放射狀濾鏡」工具
2. 勾選「遮色片」
3. 拖曳拉出圓形範圍
   指標移動到紅色覆蓋點上
   可以拖曳調整範圍

不需要先將面板參數歸零嗎？

楊比比唸了好十幾頁，還是有用的，同學都
記得使用「局部調整」工具前，必須先將參
數歸零（淚流滿面）。這次，我們換一個方
式，先建立選取範圍，再將面板數值歸零。

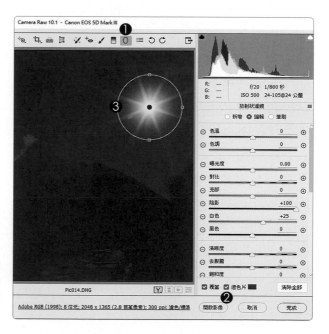

C> 局部調整面板參數歸零

1. 位於「放射狀濾鏡」
2. 紅色覆蓋點上單響「右鍵」
3. 單響「重設局部校正設定」
4. 面板參數歸零

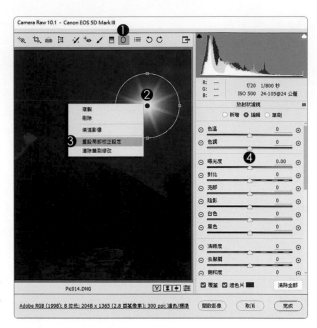

放射狀濾鏡的覆蓋範圍在圓裡面耶

放射狀濾鏡的作用範圍分為「內部」與「外部」，可以使用快速鍵「X」進行交換，也可以直接在面板中設定，我們來看看。

D> 放射狀濾鏡內外效果

1. 位於「放射狀濾鏡」工具
2. 向下拖曳滑桿
3. 開啟「遮色片」
4. 效果「外部」
5. 羽化「89」
   羽化其實是「邊緣模糊」
   但現在的作用是「邊緣淡化」

反轉作用範圍：快速鍵「X」

可以使用「快速鍵：X」的工具包含：「裁切工具（交換寬高）」、「漸層濾鏡」與「放射狀濾鏡（對調外部／內部）」。

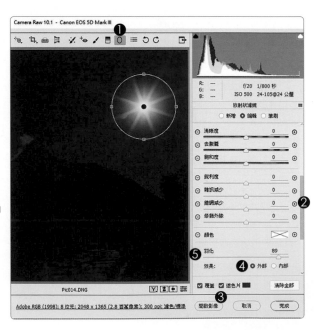

E › 調整圓形外部曝光

1. 位於「放射狀濾鏡」工具
2. 按下快速鍵「Y」
   能快速取消「遮色片」勾選
3. 向右 (亮部) 調整「陰影」
   數值「+100」
4. 曝光度「+0.20」
5. 黑色「-2」
   注意暗部超出色域記號

曝光度不能太高

曝光度控制「中間調」會同時影響「暗部」
與「亮部」，數值太高，會出現一圈黑邊喔。

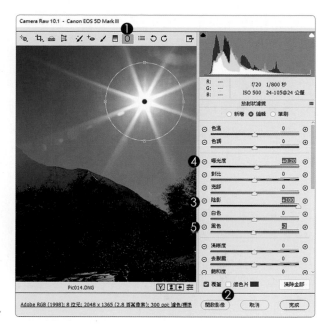

F › 繼續控制亮部曝光

1. 位於「放射狀濾鏡」工具
2. 使用「編輯」模式
3. 紅色覆蓋點表示作用中
4. 向左 (暗部) 調整「亮部」
   數值約為「-25」
5. 白色「+32」增加明亮感

局部工具「編輯」模式

「編輯」模式指的是，透過面板的參數調整
目前「覆蓋點」作用範圍內的曝光、色調、
清晰度，與雜點等等的控制項目。

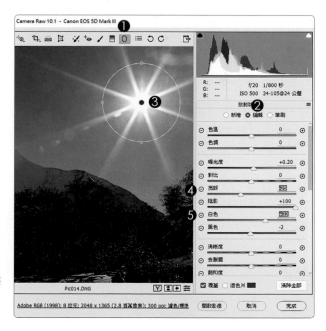

G > 整體曝光有更大的寬度

1. 單響「縮放顯示工具」
2. 單響「基本」面板
3. 先調整暗部曝光
   陰影「+72」
4. 黑色「-10」

靈活運用局部調整工具

一般來說,透過「基本」面板進行整體曝光控制之後,才會使用局部調整工具,進行小範圍的曝光或是色調控制,但這個情況比較特殊,所以我們反過來處理,效果也不錯。

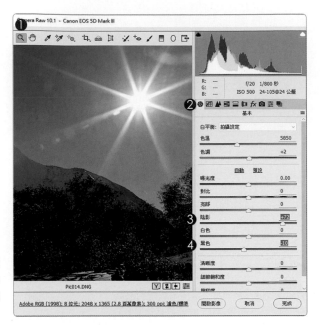

H > 亮部曝光控制

1. 位於「基本」面板
2. 向左(暗部)調整「亮部」
3. 眼睛看著亮部超出色域記號
   直到記號變成「黑色」
   就可以停止拖曳「亮部」
4. 白色「+10」增加明亮度
   注意超出色域記號

基本曝光控制

楊比比似乎看到大家堅定的眼神,已經能很穩定操控「基本」面板(太棒了!鼓掌)。

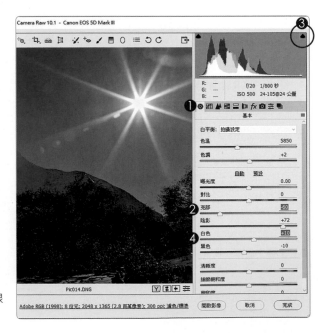

I > 提高層次與立體感

1. 位於「基本」面板
2. 清晰度「+22」
3. 注意兩側的超出色域記號

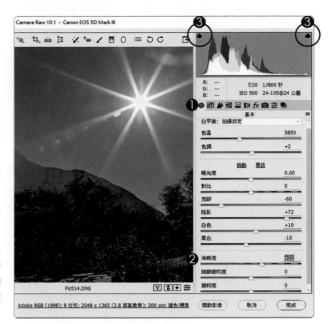

清晰度的控制範圍

清晰度控制「黑色」與「白色」兩個階層中的像素，數值增加時，眼睛一定要盯著色階圖左右兩側的「超出色域記號」，變成什麼顏色都可以，就是不要變成「白色」。

J > 給暗部一點顏色

1. 單響「分割色調」面板
2. 陰影飽和度「10」
3. 陰影色相「50」偏黃綠

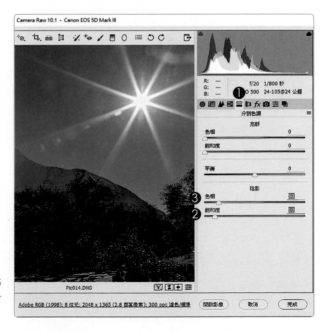

分割色調控制暗部與亮部色調

暗部顏色比較不容易表示出來，所以楊比比經常使用「分割色調」在暗部上略微套上一點顏色，畫面看起來會比較有活力喔。

局部調整（七）
明度範圍遮色片

使用版本　Camera Raw 10.1
參考範例　Example\05\Pic015.DNG

「明度」與「顏色」遮色片是 Camera Raw
10.0 局部調整工具新增的選取方式，算是「自
動使用遮色片」的進階版，能依據「明暗」或
是「顏色」更細膩的建立出調整範圍，已經更
新到 10.0 以上版本的同學一定要試試。

Camera Raw 10.0 以上版本新增的「範圍遮色片」 ▶
調整筆刷、漸層濾鏡、放射狀濾鏡，三款局部調整工具都可以使用

A﹥ 建立調整範圍

1. 開啟範例檔案 Pic015.DNG
2. 單響「漸層濾鏡」工具
3. 勾選「遮色片」
4. 由天空往下拖曳
　　建立調整範圍

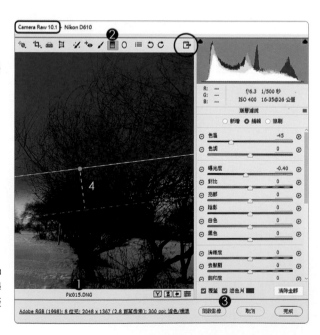

注意 Camera Raw 版本

「明度」範圍遮色片，必須在 Camera
Raw 10.0（紅框）以上的版本才有，請同學
先看看自己的版本。如果視窗中沒有顯示版
本，請先關閉全螢幕模式（紅圈）。

B› 面板參數歸零

1. 位於「漸層濾鏡」工具
2. 覆蓋點上單響「右鍵」
3. 單響「重設局部校正」
4. 面板參數歸零

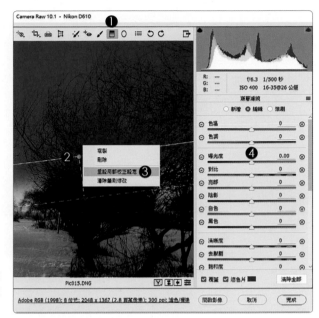

局部調整面板參數歸零

麻煩同學在腦海中整理一下，三種能讓局部
調整面板參數歸零的方式，包含「面板選項
按鈕」、「＋或 -」以及，覆蓋點上按右鍵。

C› 明度範圍遮色片

1. 位於「漸層濾鏡」工具
2. 遮色片要打開喔
3. 範圍遮色片「明度」
4. 拖曳「明度範圍」亮部滑桿
   到大約「69」的位置

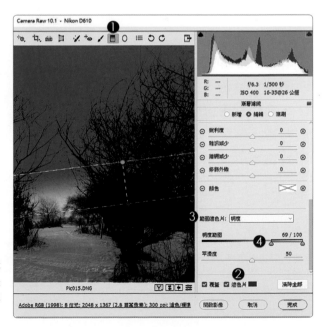

明度範圍

明度範圍滑桿上兩個小按鈕限制的區域，就
是遮色片作用的範圍。天空是亮的，枯樹是
深色的，透過明度範圍的調整，將調整區域
限制在天空，避開深色的樹木。

D> 接縫的平滑度

1. 位於「放射狀濾鏡」工具
2. 遮色片還是開啟的
3. 向右增加「平滑度」
   數值約為「58」

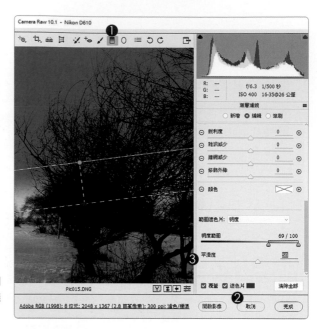

平滑度要稍稍調整

為了讓作用範圍與避開（就是枯樹）區域間的接縫處，不要那麼鮮明的一刀兩斷，建議同學觀察編輯區，並適度調整「平滑度」。

E> 變更遮色片顏色

1. 位於「漸層濾鏡」工具
2. 單響遮色片旁的色塊
3. 開啟「檢色器」視窗
4. 單響色彩挑選遮色片顏色
5. 單響「確定」按鈕
6. 顏色換了

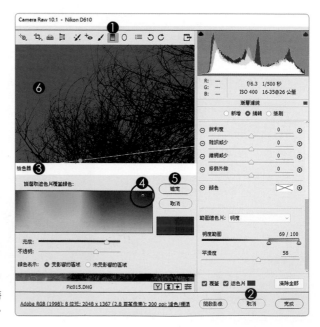

就是不放心呀

之前已經聊過更換「遮色片」顏色（什麼？沒看到），就是擔心同學沒有看到，所以特別拉了一個步驟出來，現在看到了吧（哈）。

F> 變更天空顏色

1. 位於「漸層濾鏡」工具
2. 按快速鍵「Y」
   取消「遮色片」勾選
3. 使用「編輯」模式
4. 拖曳「色溫」滑桿往藍色
   數值約為「-52」
5. 黑色「-20」增加顏色濃度

按一下「面板預設值」按鈕

按「面板預設值」按鈕（紅圈），快點比較
一下啦！差很多喔！天空馬上就不一樣囉！

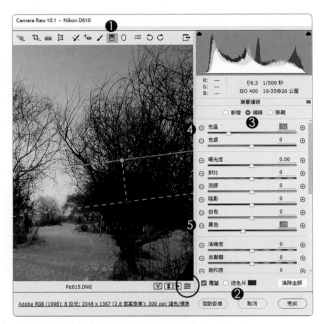

G> 沒有明度範圍遮色片

1. 位於「漸層濾鏡」工具
2. 範圍遮色片「無」
   關閉明度遮色片的限制
3. 看！樹枝都是藍的

明度遮色片還在喔

可以再次由「範圍遮色片」選單中，單響「明
度」，同學可以發現，所有的參數與設定都
還在，編輯區的調整範圍也會配合變更。

局部調整（八）
顏色範圍遮色片

使用版本　Camera Raw 10.1
參考範例　Example\05\Pic016.DNG

Camera Raw 10.0 以上版本才支援的「顏色」範圍遮色片，可以透過「顏色取樣器」（紅圈）指定需要調整範圍內的顏色，相當精準。

A > 建立調整範圍

1. 開啟 Pic016.DNG
2. 暗部超出色域記號「白色」
3. 向右（亮部）調整「陰影」
   注意超出色域記號
   脫離「白色」就好

還可以這樣處理

單響「白色」超出色域記號，編輯區會以「藍色」標示過暗範圍，馬上切到「調整筆刷」工具中，提高「陰影」亮度，刷一刷就好。

B> 建立調整範圍

1. 單響「調整筆刷」工具
2. 羽化「0」邊緣清晰
3. 按快速鍵「Y」
   開啟「遮色片」
4. 筆刷塗抹第一台紅色跑車

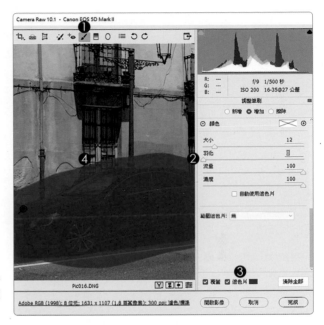

局部調整少了「色相」控制

由於「局部調整」面板，不提供「色相」參數，因此，想改一下這台賓士紅色跑車的顏色，得花點心思，一起來試試吧！

C> 顏色範圍遮色片

1. 位於「調整筆刷」工具
2. 確認「遮色片」勾選
3. 範圍遮色片「顏色」
4. 單響「色彩選擇」工具
5. 單響紅色跑車

為什麼要降低「羽化」數值為「0」

因為「顏色範圍遮色片」需要從現有的「調整範圍」中依據顏色，抽出需要範圍，也就是說，只要「調整範圍」夠清晰，「顏色範圍遮色片」能抓到的區域就越完整。

D> 增加顏色調整範圍

1. 位於「調整筆刷」工具
2. 遮色片是開啟的喔
3. 色彩選擇工具也是開啟的
4. 按著 Shift 不放
   單響紅色車體

不同明暗的「紅色」

因為光線的關係，車體呈現幾個不同濃淡的紅色，請同學按著 Shift 鍵不放，將整台車子上的顏色全部挑選為「遮色片」的覆蓋區。

E> 移除色彩選擇範圍

1. 位於「調整筆刷」工具
2. 確認「遮色片」開啟
3. 按著 Alt 鍵不放
   單響編輯區中的色彩選擇
   圖示，就能移除色彩範圍

控制「顏色範圍遮色片」

新增：顏色選擇工具直接單響圖片
增加：按 Shift + 顏色選擇工具單響圖片
移除：按 Alt + 單響編輯區的色彩選擇圖示

E> 擦除多餘的調整範圍

1. 位於「調整筆刷」工具
2. 確認「遮色片」開啟
3. 單響「擦除」模式
4. 適度調整筆刷「大小」
5. 羽化「0」
6. 擦拭多餘的調整範圍

羽化：筆刷邊緣模糊的範圍

刷一些邊緣比較銳利清晰的區域，建議同學
把「羽化」數值設定為「0」，才能乾淨俐
落抓出我們需要的區域。

G> 面板參數歸零

1. 位於「調整筆刷」工具
2. 取消「遮色片」勾選
3. 取消「色彩選擇」工具
4. 單響「增加」模式
5. 覆蓋點恢復「紅色」
6. 覆蓋點上單響「右鍵」
   執行「重設局部校正設定」

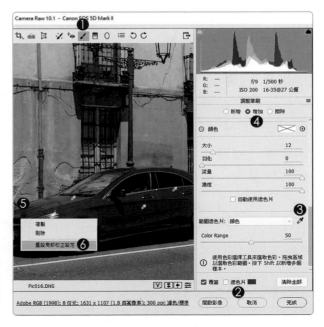

色彩選擇工具

一旦按下「色彩選擇工具」，編輯區中的覆
蓋點就會顯示「灰白色」，將建立調整範圍
的主控權交給「色彩選擇工具」；結束「色
彩選擇」工具後，覆蓋點才會恢復紅色。

H> 覆蓋顏色

1. 位於「調整筆刷」工具
2. 降低調整範圍飽和度「-62」
3. 單響「顏色」色塊
4. 檢色器中單響選取顏色
5. 單響「確定」按鈕
6. 換顏色囉
7. 車子也換顏色

檢色器面板

通常我們會先單響「檢色器」面板上方的連續色彩，確認「色相」之後，再透過下方的「飽和度」滑桿，控制顏色鮮艷程度。

I> 移除顏色覆蓋

1. 位於「調整筆刷」工具
2. 單響「顏色」後方色塊
3. 開啟「檢色器」面板
4. 單響「白色」
5. 單響「確定」
6. 移除覆蓋「顏色」

移除局部調整的覆蓋顏色

只要在「檢色器」面板中，單響「白色」色塊，就相當於「移除覆蓋顏色」，如果能有個「移除色彩」的按鈕那就更清楚囉！

J> 換個方式變更顏色

1. 位於「調整筆刷」工具
2. 色溫「-100」
3. 色調「+100」
4. 調和出一個挺有個性的顏色

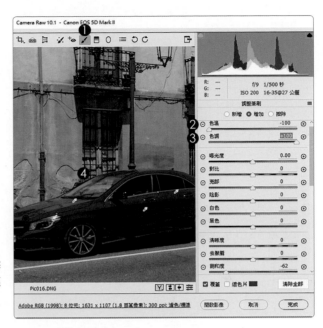

觀察車輛附近的顏色

單響「面板預設值」按鈕，觀察調整筆刷修改跑車顏色前後的差異，如果車子以外的區域顏色跟著跑車改變，馬上開啟「遮色片」使用「擦除」筆刷將多餘的範圍擦掉。

K> 顏色範圍

1. 位於「調整筆刷」工具
2. 按「Y」開啟遮色片
3. 向右增加「Color Range」
   數值約為「58」
   擴大遮色片覆蓋範圍

Color Range

Color Range 能柔化色彩選擇工具間的遮色片範圍，使得接合處更順暢，調整時，請開啟「遮色片」模式，觀察調整範圍的變化。

06 合併 與 同步化處理

2017/10/20, 09:13am NIKON D610
珍珠海 / 海拔 4116m
1/1000 秒 f/10 ISO 400
Photo by 楊 比比

HDR 高動態
影像合併

使用版本　Camera Raw 10.1
參考範例　Example\06\Pic001_HDR

Camera Raw 9.0 加入了 HDR 高動態影像的合併，能在 Camera Raw 環境中結合多張不同曝光的照片，透過不同的明暗結合成一張充滿細節的照片。

HDR 能接受的 EV 範圍

早期楊比比還不會設定 EV 值的時候，都透過不同的快門速度來控制照片的明暗，只要是「一張亮」、「一張暗」HDR 就能合併；Nikon 系統的夥伴可以透過 BKT 曝光包圍進行拍攝，效果肯定更好（嗯！楊比比是 N 家的）。

EV±1　或是　EV±2 都是 HDR 能接受的 EV 範圍

EV±3　動態範圍差異太大，合併後影像容易產生色彩斷層（不建議）

HDR 合併需要幾張照片？

楊比比很少在貴松松的鏡頭前方增加濾鏡，就是擔心過多的鏡片影響照片的畫質。HDR 合併的張數太多，也是如此，影像間容易產生「殘影」，即便 HDR 提供移除殘影的功能，效果也有限，尤其是廣角與魚眼這類變形量比較大鏡頭，合併後的照片邊緣，仍能看出合併後影像對齊的痕跡。

HDR 合併：照片張數越少越好，兩張最佳！

A > 開啟範例圖片

1. Adobe Bridge 視窗中
2. 單響圖片縮圖
3. 可以在「中繼資料」面板看到 EV 數值
4. 選取 EV-2 與 EV+2 縮圖
5. 單響「在 Camera Raw 中開啟」按鈕

第一張不用選取嗎？

同學先以兩張不同 EV 值得照片，做完這一輪練習後，再回頭來試試三張。目前三張的 EV 值分別是「0、-2、+2」。

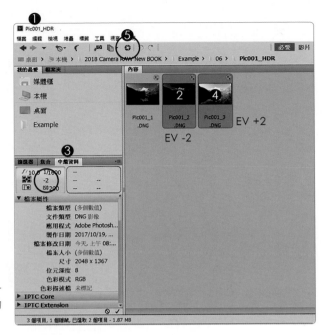

B > 選取底片窗格中的圖片

1. 進入 Camera Raw 視窗
2. 單響「選項」按鈕
3. 執行「全部選取」

這個範例練習很長喔

需要上廁所、泡茶、拿洋芋片的同學動作快喔，這個範例步驟多，準備好就開工囉！

C> 轉 16 位元

1. 底片顯示窗格選取兩張
2. 這裡也顯示「選取 2」
3. 工作流程選項中顯示
   兩張圖片為「8 位元」
   單響「工作流程選項」
4. 色彩深度「16 位元／色版」
5. 單響「確定」按鈕

為什麼要轉「16 位元」？

相機的 RAW 格式所提供的位元深度通常在
「12 到 16 位元」之間，由於 HDR 的合併
需要更為細膩的運算，因此提高位元深度。

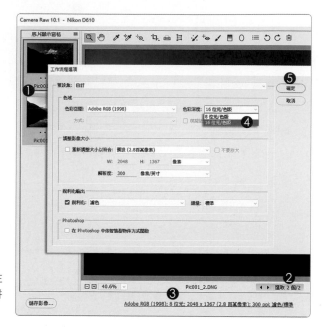

D> 檢查工作流程選項

1. 兩張照片都選著
2. 工作流程選項這串文字
   顯示「16 位元」

工作流程選項

Camera Raw 視窗下方這串包含圖片「色
彩空間、位元深度、影像尺寸、解析度、輸
出銳利化」的資訊，跟「工作流程」沒有什
麼關係，主要是顯示目前圖片的相關訊息。

E> 合併 HDR

1. 確認選取兩張圖片
2. 單響「選項」按鈕
3. 執行「合併為 HDR...」
4. 開始運算

運算時間跟檔案數量有關

合併的檔案數量越多、影像尺寸越大，需要的運算時間就更長。但同學要了解，HDR 的合併，不是照片數量多就精準，只要明暗細節足夠 HDR 運算就可以。

F> HDR 合併預視

1. 顯示「HDR 合併預視」
2. 標示消失才表示運算結束
3. 勾選「對齊影像」與
   「套用自動色調及顏色調整」
4. 去殘影「低」
5. 勾選「顯示覆蓋」

什麼是「去殘影」？

即便拍攝速度再快，天空的雲、晃的樹葉與湖面的水波都會晃動，所以「去殘影」一定要選取，至少是「低」，謝謝合作。

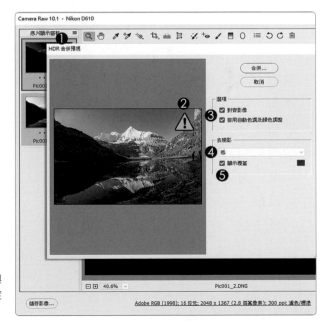

G> 儲存 HDR 合併圖片

1. 單響「合併」按鈕
2. 檔案名稱是預設的
3. 存檔類型「數位負片 dng」
4. 單響「存檔」按鈕
5. 新增 HDR 合併的 DNG

還記得 DNG 格式吧

Adobe 的數位負片格式，也是 RAW 格式的一種，我們自己的 RAW 檔可以透過 Camera Raw 轉存為小尺寸的 DNG。

H> 鏡頭校正　修片程序一

1. 從頭來喔（捲袖子）開始
   選取合併的 HDR 檔案
2. 單響「鏡頭校正」面板
3. 單響「描述檔」標籤
4. 勾選「移除色差」
   勾選「啟動描述檔校正」
5. 鏡頭是「15mm」的魚眼
6. 扭曲「10」

保留魚眼鏡頭的張力

面對魚眼鏡頭，扭曲的力道似乎太大，試著將「扭曲」數值降低到「10」保留魚眼張力。

I ﹥ 變形校正　修片程序二

1. 單響「變形工具」按鈕
2. 單響「水平」校正
3. 嗯！還是很歪

旋轉圖片

其實 Upright 的水平校正是有作用的，但表現不好，歪斜的角度還是太大，如果歪斜的角度不大，可以使用「變形」面板中的「旋轉」進行小幅度的轉動，但現在不行，起碼歪了三到四度，得請「拉直工具」出馬。

J ﹥ 拉直工具　修片程序二

1. 還是合併的 HDR 檔案
2. 單響「拉直工具」按鈕
3. 拖曳指標拉出轉正線

拉直是水平校正的輔助工具

當「變形工具」的 Upright 沒有辦法達到我們預期的目標時，同學可以使用「拉直工具」來輔助「歪斜轉正」的變形程序。

K> 裁切構圖 修片程序三

1. 結束「拉直工具」後
   立即進入「裁切工具」中
2. 按著工具按鈕不放
   單響「9 比 16」
3. 拖曳裁切控制點
   調整裁切範圍
   按 Enter 結束裁切

清除裁切範圍

如果覺得目前的裁切比例或是裁切範圍不理想，可以由「裁切選單」中，單響「清除裁切」取消目前的裁切範圍，重來一次。

L> 整體曝光 修片程序四

1. 單響「基本」面板
2. 曝光已經調整好了
3. 不包含「清晰度」

什麼時候調整的曝光呀？

往前翻個兩頁，就在「合併 HDR」的對話框中，我們勾選了「套用自動色調及顏色調整」，就等於單響「基本」面板的「自動」。

M> 相機校正 修片程序五

1. 單響「相機校正」面板
2. 變更相機描述檔為
   Camera Landscape
3. 照片色調有明顯的改變

相機描述檔

相機描述檔類似於相機的「風格模式」，能變更照片的「色調」與「曝光」。不同廠牌、不同型號，「相機校正」面板中支援的「相機描述檔」數量與內容都不同喔！

N> 汙點移除

1. 單響「汙點移除」工具
2. 類型「修復」
3. 適度調整筆刷「大小」
4. 勾選「顯現汙點」
5. 拖曳滑桿增強黑白對比
6. 筆刷塗抹汙點

建議裁切後再使用「汙點移除」

除非不裁切，否則裁完再執行「汙點移除」工具，同學懂楊比比的意思吧！別在不需要的區域中浪費時間。還有兩頁，加油！

O › 建立局部調整範圍

1. 單響「漸層濾鏡」工具
2. 勾選「遮色片」
3. 由山體往天空拖曳調整範圍
4. 覆蓋點上單響「右鍵」
   執行「重設局部校正設定」
5. 面板參數歸零

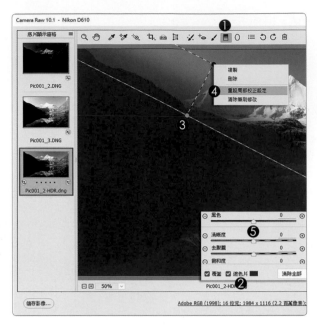

想一下怎麼把範圍限制在「暗部」

剛剛才離開第五章，相信同學還有印象，我們可以透過「明度範圍遮色片」，抓出目前遮色片範圍中的暗部，馬上來試試。

P › 明度範圍遮色片

1. 位於「漸層濾鏡」工具
2. 確認開啟「遮色片」
3. 範圍遮色片「明度」
4. 向左拖曳滑桿
   限制明度範圍在暗部

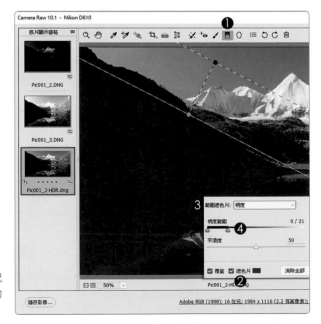

調整範圍似乎太多

沒事！漸層濾鏡還有「筆刷」工具（大家記得吧），我們可以利用「筆刷」增減目前的遮色片範圍，加油！最後兩個程序。

Q > 擦除多餘的範圍

1. 位於「漸層濾鏡」工具
2. 遮色片是打開的喔
3. 單響「筆刷」模式
4. 使用「-」筆刷
5. 適度調整筆刷參數
6. 筆刷擦除多餘的範圍

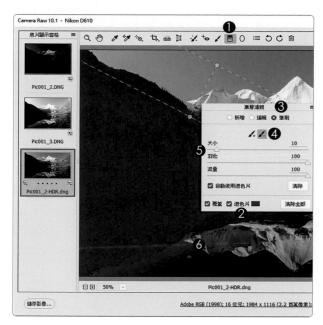

適度控制流量

可以考慮把「流量」控制在 50 左右，以半透明的方式塗抹多餘的範圍，這樣等會參數作用的力道會減半，效果也不錯。

R > 局部控制暗部曝光

1. 位於「漸層濾鏡」工具中
2. 單響「編輯」模式
3. 向右（亮部）調整「陰影」
   數值「+100」
4. 曝光度「+0.45」
5. 黑色「-2」增加輪廓強度
6. 色溫「+22」略為偏黃

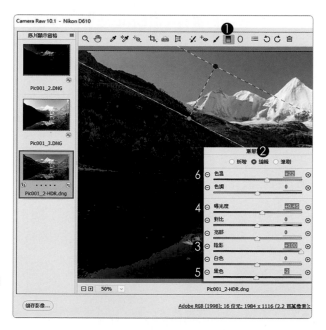

記得「儲存影像」

同學還可以調整「清晰度」增加照片的立體感與層次，完成之後，可以單響「儲存影像」按鈕，將檔案儲存起來。大家辛苦了！

超越廣角的
全景照片

使用版本　Camera Raw 10.1
參考範例　Example\06\Pic002_ 全景

面對著前往珠穆朗瑪峰的前方壯闊的 S 彎道，深深感受到即便是再廣的鏡頭也包不下這片景色，換個中長焦，拍全景，只有全景才能展現這片遼闊。

▲ 橫拍、直拍都能橫向合併　　　▲ 也能縱向合併　　　▲ 還可以多圖合併

全景合併的限制

隨著運算技術的提昇，Camera Raw 全景合併失敗的機率越來越低，雖說如此，同學還是得掌握幾個基本的原則，才能順利將手中的圖片接合為全景。

拍攝時不變更「焦距」與「曝光」

接合的照片與照片之間要有「40％」以上的重疊，但不超過「70％」

避免使用變形量太大的鏡頭（如：如魚眼或是超廣角）

拍攝全景照片的技巧

全景照片通常都跟單張照片放在一塊，要從百十張照片中，撈出需要合併的「全景」，那是很花時間的，所以，拍攝時就要先做上記號，方便我們尋找。

▲ 拍全景時，第一張跟最後一張，可以使用鏡頭蓋，或是手指做上記號，方便辨識。

A> 檢視全景照片

1. Adobe Bridge 視窗中
2. 全景照片第一張
3. 全景照片最後一張
4. 中間就是我們要合併的照片

手是最好的工具

鏡頭蓋總是摸不到（不知道塞到哪裡去了）
手是最方便的工具，拍攝全景時第一張與最
後一張都比個「YA」，回來就好找囉！

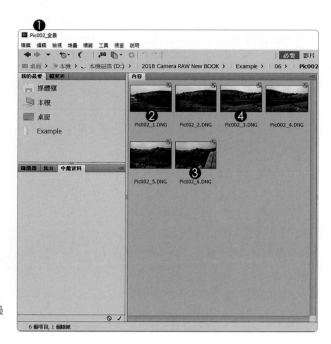

B> 選取圖片

1. 單響 Pic002_2.DNG
2. 按著 Shift 鍵不放
   單響 Pic002_5.DNG
   選取四張照片
3. 單響「在 Camera Raw
   中開啟」按鈕

普達措國家公園

這是一座保持著原始森林的國家公園，海拔
在 4000 公尺左右，景色優美，有機會到雲
南，一定要去走走（門票約 250 人民幣）。

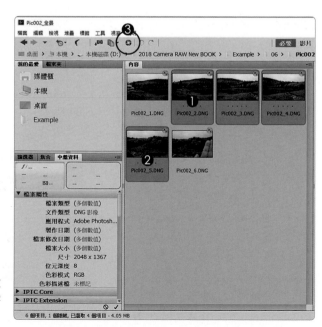

C> 選取需要合併的圖片

1. 進入 Camera Raw
2. 開啟的照片顯示在窗格中
3. 單響「選項」按鈕
4. 執行「全部選取」

不一定要轉換位元深度

HDR 高動態合成，為了能讓不同曝光的照片
順利結合，並最大程度保留細節，所以將位
元深度拉回 RAW 格式支援的 16 位元，但全
景就沒有這麼多要求，8 位元就可以了！

D> 啟動全景合併

1. 單響「選項」按鈕
2. 執行「合併為全景」
3. 進行圖片的合併運算

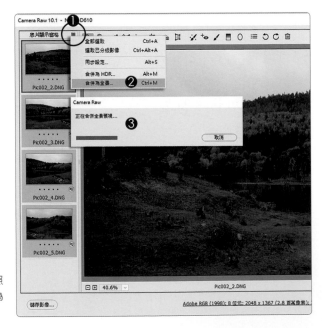

不能選擇「合併為全景」？

如果沒有選取底片顯示窗格內兩張以上的照
片，就無法執行「合併為 HDR」與「合併為
全景」這兩項功能，指令會以灰色顯示。

E> 全景接合方式

1. 顯示「全景合併 預視」
2. 全景合併有三種接合方式
   目前為「圓筒式」
   可以試著更換為「球面」

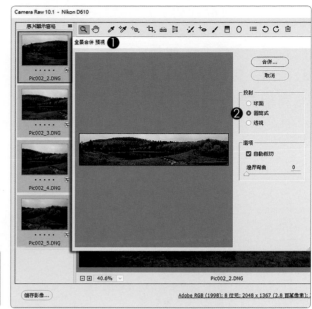

如果選取的「投射」方式不能接合？

當指定的「投射」方
式無法接合時，會顯
示錯誤訊號，單響
「確定」即可。

F> 自動裁切

1. 位於「全景合併 預視」
2. 取消「自動裁切」
3. 顯示接合邊緣的弧度
4. 拖曳「邊界彎曲」滑桿
   觀察預覽圖片的變化

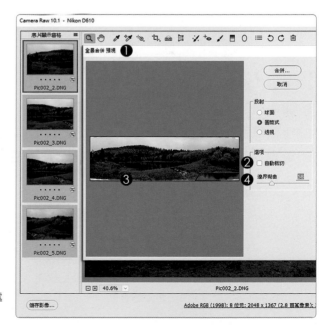

新版本接合能力更強

Camera Raw 10.0 之後的「合併為全景」
大幅提昇了運算與接合的能力，影像接合處
的曝光與色彩差異都融合的很好。

G> 開啟「自動裁切」

1. 位於「全景合併 預視」
2. 勾選「自動裁切」
3. 裁切全景接合處的多餘影像

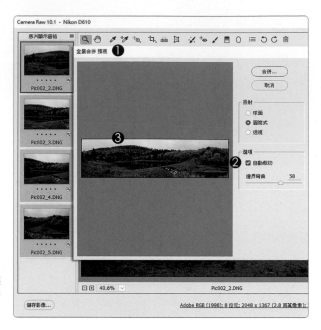

再聊一下「邊界彎曲」

邊界彎曲的範圍值為「0 到 100」,數值越高,全景邊界就會越貼近周圍的矩形框,所見的到全景照片會顯得比較「高」。

H> 儲存全景

1. 位於「全景合併 預視」
2. 單響「合併」按鈕
3. 使用預設「檔案名稱」
4. 存檔類型「數位負片 dng」
5. 單響「存檔」按鈕
6. 新增全景縮圖

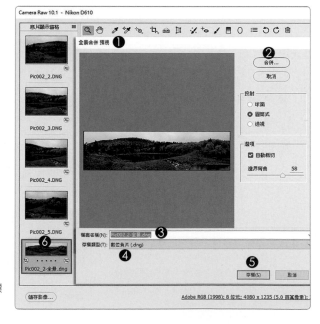

注意黃色三角形警示標記

儲存過程中,如果顯示黃色三角形警示標記,表示正在計算,請稍稍等待一下。

I> 鏡頭校正　修片程序－

1. 確認選取新增的全景檔案
2. 單響「鏡頭校正」面板
3. 位於「描述檔」標籤中
4. 勾選「移除色差」
　 勾選「啟動描述檔校正」

全景合併會自動校正鏡頭描述檔

照片進行全景合併時，會先移除照片四周的
「暈映（也就暗角）」並調整鏡頭可能產生
的變形。因此在「描述檔」標籤中，可以不
用勾選「啟動描述檔校正」，要勾也可以啦！

J> 全自動曝光　修片程序四

1. 單響「基本」面板
2. 單響「自動」
　 自動控制滑桿調整曝光量
3. 略為減少「黑色」
　 數值約為「-12」
4. 提高「清晰度」+25

結束 Camera Raw

試著單響「完成」按鈕，將目前的編輯數據
記錄在「Pic002_2 全景 .dng」檔案中，或
是，單響「儲存影像」將檔案另存新檔。

同步化（一）
批次處理

使用版本　Camera Raw 10.1
參考範例　Example\06\Pic003_ 批次

所謂的「同步化」就是一大堆照片同時處理，同學可以想想，什麼時候需要「同時處理大批照片」，沒錯，就是「縮時」，打縮時最常使用「同步化」。

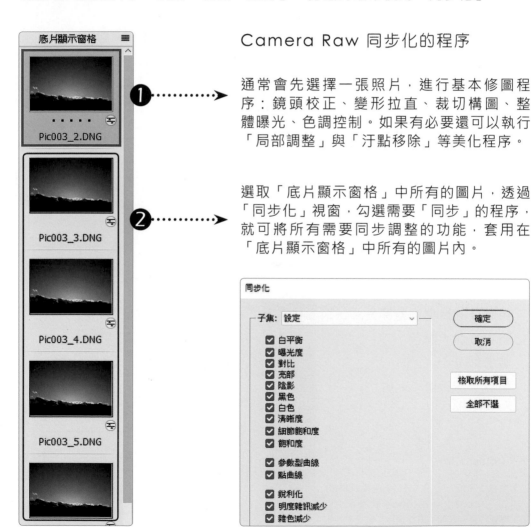

Camera Raw 同步化的程序

通常會先選擇一張照片，進行基本修圖程序：鏡頭校正、變形拉直、裁切構圖、整體曝光、色調控制。如果有必要還可以執行「局部調整」與「汙點移除」等美化程序。

選取「底片顯示窗格」中所有的圖片，透過「同步化」視窗，勾選需要「同步」的程序，就可將所有需要同步調整的功能，套用在「底片顯示窗格」中所有的圖片內。

A> 開啟檔案

1. Adobe Bridge 視窗中
2. 先做記號，再打縮時
3. 單響 Pic003_2.DNG
4. 按著 Shift 鍵不放
   單響 Pic004_9.DNG
5. 單響「在 Camera Raw
   中開啟」按鈕

記號一定要做

有些同學打縮時之前，會先建立一個新檔案夾 (好習慣)，沒有這個習慣的同學，也沒關係，先做個手勢，標示一下，就可以囉！

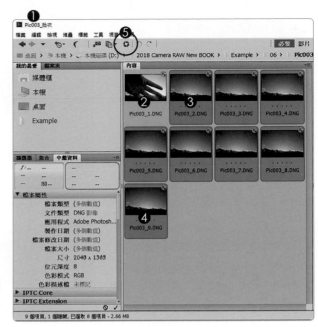

B> 檢查檔案數量

1. 開啟 Camera Raw
2. 底片顯示窗格
   顯示所有開啟的檔案
3. 這裡有檔案數量
4. 選取第一張圖片

只能選第一張嗎？

不一定，同學可以選擇任何一張，由這張來開始編輯，選第一張只是習慣。

C> 鏡頭校正　修片程序一

1. 確認選擇一個檔案
2. 單響「鏡頭校正」面板
3. 描述檔標籤中
4. 勾選「移除色差」
　　勾選「啟動描述檔校正」

如果抓不到鏡頭？

JPG 格式、老鏡，或是 Adobe 還沒有開放支援的新鏡頭，我們可以透過面板中間的「鏡頭描述檔」欄位中，指定鏡頭「廠商」與接近的「機型」也就是焦段。

D> 裁切構圖　修片程序三

1. 按著「裁切工具」按鈕不放
2. 指定裁切比例「9 比 16」
3. 拖曳拉出裁切範圍
　　拖曳控制點調整裁切範圍
　　按下 Enter 完成裁切
4. 縮圖上顯示「裁切」記號
　　縮圖比例也不一樣囉

不是每張圖片都需要「變形拉直」

這套梅里雪山的雲海縮時，不需要「變形拉直」校正，所以我們跳開「修片程序二」直接進入程序三「裁切構圖」。

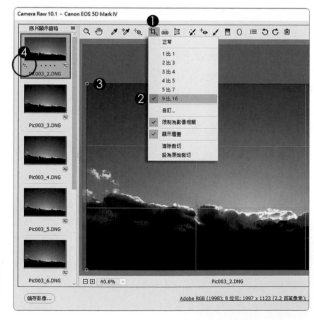

E> 暗部曝光　修片程序四

1. 選取 Pic003_2.DNG
2. 單響「基本」面板
3. 向右（亮部）調整「陰影」
　　數值約為「+60」
4. 提高一點「曝光度」+0.25
5. 加強「黑色」輪廓線條
　　數值約為「-8」

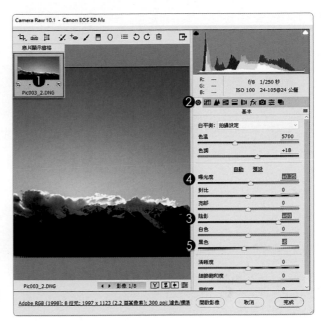

調整「曝光度」控制中間調

曝光度能控制色階整體像素偏移的方式，目前的「+0.25」就是將像素向「亮部」移動。

F> 亮部曝光　修片程序四

1. 位於「基本」面板
2. 向左（暗部）調整「亮部」
　　數值約為「-50」
3. 調整「白色」增加明亮感
　　數值約為「+3」
4. 注意亮部超出色域記號

分區曝光控制一定要掌握

手動分區進行「暗部」與「亮部」曝光絕對比「自動」曝光要自然，就像相機的「M」模式，手動還是比較貼近我們的需求。

G> 相機校正　　修片程序五

1. 還是 Pic003_2.DNG
2. 單響「相機校正」面板
3. 相機描述檔
   Camera Standard
4. 略為修改了色調

RAW 格式提供相機描述檔

相機描述檔選單只提供 RAW 格式與機型相關的「相機描述檔」，如果抓不到，應該是尚未支援的相機或目前編輯的是 JPG。

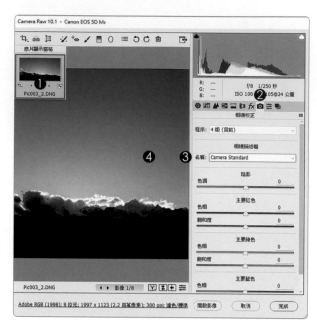

H> 汙點移除

1. 單響「汙點移除」工具
2. 類型「修復」
3. 適度調整筆刷「大小」
4. 勾選「顯現汙點」
5. 向右拖曳滑桿
6. 拖曳筆刷塗抹汙點

提醒兩件事

筆刷大小可以透過左右方括號（[ ]）進行調整，對了！中文輸入法要關掉喔。另外，開啟「顯現汙點」模式時，建議取消「顯示覆蓋」的勾選，清除起來會比較方便。

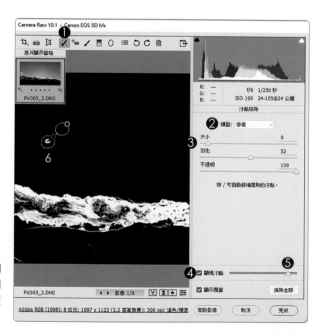

I > 分割色調

1. 單響「分割色調」面板
2. 陰影飽和度「12」
3. 陰影色相「10」
4. 暗部略帶紫色

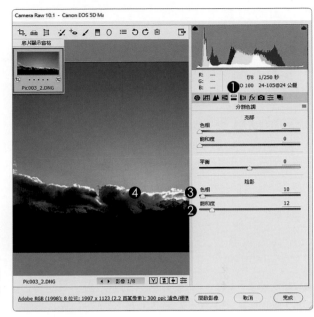

分別控制「亮部」與「陰影」的色調

分割色調可以分別在「亮部」與「陰影」中加入顏色,調和出不一樣的色調;不論調整「亮部」或是「陰影」,請記得先增加「飽和度」數值,再改變「色相」。

J > 選取所有的圖片

1. 底片顯示窗格中
2. 單響「選項」按鈕
3. 執行「全部選取」
4. 選取窗格中所有的圖片
5. 顯示選取的檔案數量

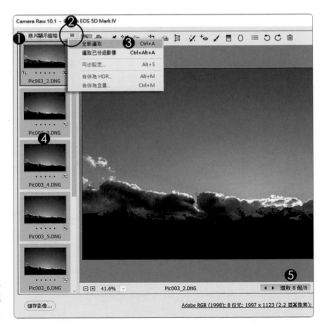

準備同步批次處理了

除了剛剛執行的步驟之外,同學還可以加入「局部調整」工具,控制雲層中過曝的區域或是山體上略暗的範圍,自己來,不要客氣。

K> 同步設定

1. 單響「選項」按鈕
2. 執行「同步設定」
3. 開啟「同步化」視窗
4. 預設狀態下
   裁切、汙點移除與局部調整
   這三項都不勾選

手動指定作用指令

同學可以單響「全部不選」按鈕，取消「同步化」中的勾選，再手動勾選有變更的指令。

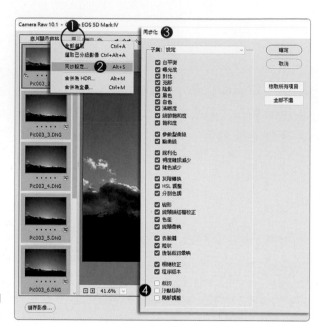

L> 選取所有項目

1. 位於「同步化」視窗
2. 單響「核取所有項目」按鈕
3. 所有的項目都勾選
4. 單響「確定」按鈕

忘記調整哪些項目了 ...

沒事，楊比比也是做著、做著，就忘了剛剛調整哪些指令；如果怕漏掉，可以直接單響「核取所有項目」通通選，就沒有問題了。

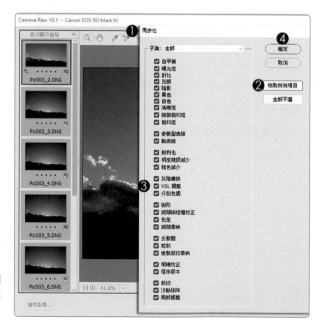

M> 儲存影像：指定格式

1. 確認選取窗格中所有檔案
2. 單響「儲存影像」按鈕
3. 指定存放檔案夾
4. 指定檔案名稱
5. 副檔名「.JPG」
6. 中繼資料「全部」
7. 品質「8」

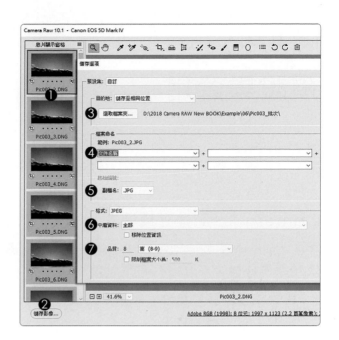

JPG 格式依據輸出方式決定品質

螢幕觀看：JPG 品質「高（8-9）」
沖洗印刷：JPG 品質「最高（10-12）」

N> 儲存影像：指定大小

1. 色彩空間「sRGB」
2. 色彩深度「8 位元 / 色版」
3. 重新調整大小以符合
4. 指定為「長邊」
5. 長邊為「1920」像素
6. 銳利化「濾色」
7. 單響「儲存」按鈕

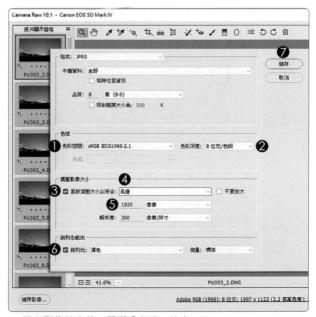

輸出銳利化

螢幕上觀看：濾色
輸出沖洗印刷：光面紙或是銅版紙

▲ 儲存影像結束後，單響「完成」結束 Camera Raw

同步化（二）
預設集套用

使用版本　Camera Raw 10.1
參考範例　Example\06\Pic004_ 預設集

將 Camera Raw 當中指令集合成「預設集」，並透過 Bridge 套用在多個檔案中，前面章節都練習過幾次，對同學來說肯定不陌生，熟門熟路，來吧！

Camera Raw 建立預設集

進入 Camera Raw 將修片程序跑一輪，進
入預設集面板，將程序存為預設集。

鏡頭校正：移除色差 _ 鏡頭描述檔

變形工具：透視校正

相機校正：Camera Landspace

整體曝光：自動

Adobe Bridge 套用預設集

先觀察「中繼資料」面板，確認
使用相同鏡頭、類似的焦段（1）
拍攝場景與曝光狀態接近的檔
案，就是套用預設集的潛在客戶。

相同鏡頭與焦段

選取相同環境的檔案

套用「開發設定」的預設集

A> 觀察檔案

1. Adobe Bridge 視窗中
2. 單響 Pic004_1.DNG
3. 中繼資料面板
4. 相機資料（Exif）標示
5. 鏡頭為 16-35mm
6. 單響「在 Camera Raw
   中開啟」按鈕

都是同一顆鏡頭拍的

這是去福容攝影大賽當評審時，在淡水捷運
站前拍攝的，使用的鏡頭是 16-35mm，三
張照片的焦段都在 19-20 之間。

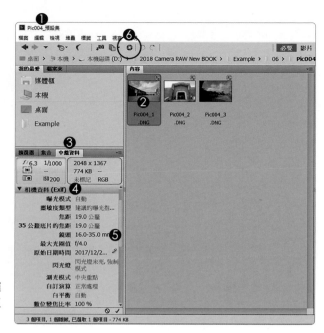

B> 鏡頭校正

1. 開啟 Camera Raw
2. 單響「鏡頭校正」面板
3. 單響「描述檔」標籤
4. 勾選「移除色差」
   勾選「啟動描述檔校正」
5. 扭曲「50」

扭曲一定要「50」嗎？

不一定，楊比比只是覺得「扭曲」100 的校
正量，對這顆鏡頭似乎太大，才降為 50。

C > 透視變形校正

1. 單響「變形工具」
2. 單響「A」透視校正
3. 按 Enter 結束變形工具

應該會自動裁掉邊緣

為了讓同學看到透視校正狀態，楊比比關閉了「裁切工具」選單內的「限制為影像相關」，所以能看到邊緣校正的狀態。

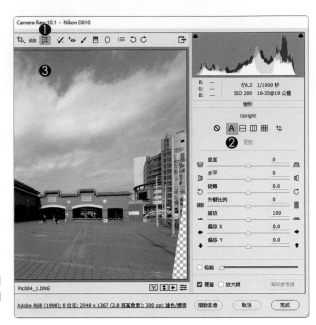

D > 相機校正

1. 單響「相機校正」面板
2. 相機描述檔
   Camera Landscape

相機校正使用的時機

練習了幾百頁的範例，相信同學已經能掌握修片的程序，請記得除了「鏡頭校正」、「變形拉直」與「裁切構圖」，三組程序不能改變順序之外，其他功能的使用時機，同學可以自己掌握，不需要特別規範。

E> 建立預設集

1. 單響「預設集」按鈕
2. 單響「新增預設集」
3. 子集「鏡頭校正」
4. 同時勾選四個項目
5. 勾選「相機校正」
   與「程序版本」
6. 確認是 Camera Raw10.1
7. 勾選「套用自動色調調整」
8. 輸入預設集名稱
9. 單響「確定」按鈕
10. 單響「取消」結束程式

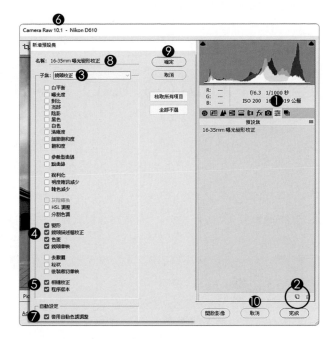

F> 套用預設集

1. 回到 Adobe Bridge 中
2. 拖曳選取相同鏡頭的檔案
3. 選取的檔案上單響「右鍵」
4. 單響「開發設定」
5. 執行「16-35mm
   曝光變形校正」預設集

取消預設集的套用

Adobe Bridge 縮圖上單響「右鍵」，單響
「開發設定 - Camera Raw 預設值」便移
除預設集的設定，回到預設數值中。

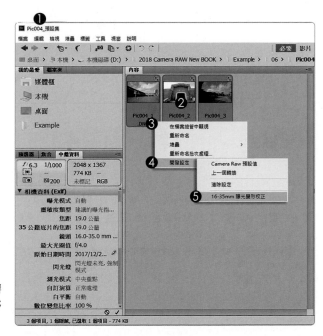

Camera Raw
連結 Photoshop

使用版本　Camera Raw 10.1
參考範例　Example\06\Pic005.DNG

Adobe 提出的攝影計畫，楊比比之所以偏好「Photoshop 系統」最主要的
原因就是 Camera Raw 與 Photoshop 之間的連結非常直接，來看看。

Camera Raw 進入 Photoshop 的三種方式

開啟影像	開啟物件	開啟拷貝
預設模式	搭配快速鍵 Shift	搭配快速鍵 Alt
Camera Raw 編輯數據記錄在 RAW 檔中。	Camera Raw 編輯數據記錄在 RAW 檔中。	Camera Raw 編輯數據**不**記錄在 RAW 檔中。
帶著 Camera Raw 編輯結果進入 Photoshop。	帶著 Camera Raw 編輯結果進入 Photoshop。	帶著 Camera Raw 編輯結果進入 Photoshop。
中斷與 Camera Raw 之間的連結。	**維持**與 Camera Raw 之間的連結。	**中斷**與 Camera Raw 之間的連結。

建議攝影人使用「開啟物件」模式

Camera Raw 編輯完成的圖片，以「開啟物件」方式進入 Photoshop，能
保持與 Camera Raw 之間的聯繫，隨時回到 Camera Raw 進行編輯，這
是一種能保留 RAW 格式的品質，並維持調整彈性的最佳方式。

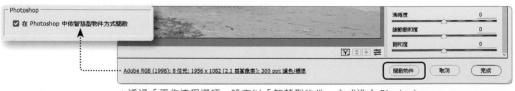

▲透過「工作流程選項」設定以「智慧型物件」方式進入 Photoshop。

A> 開啟檔案

1. 開啟 Pic005.DNG
2. 檢查一下「鏡頭校正」
   應該都打勾了
3. 回到「基本」面板
4. 白平衡「自動」
5. 曝光也調整好了

試試將白平衡改為「拍攝設定」

我們跟著冬捕的馬隊，早早的出門，查干湖幾｜公分的冰層，讓我結結實實的感受了一把所謂的「天寒地凍」...忘了講重點，白平衡改為「拍攝設定」可以看到當時的「藍調」是一種破表的「藍」，記得調回「自動」喔！

B> 建立局部調整範圍

1. 單響「放射狀濾鏡」工具
2. 勾選「遮色片」
3. 效果「內部」
4. 羽化數值可以大一些
5. 天空微紅的區域拉出橢圓
6. 覆蓋點上單響「右鍵」
7. 執行「重設局部校正設定」

加強左上角的淡紅色色溫

試著拖曳橢圓右側的方形控制點，讓橢圓顯得「扁平」一些，帶出的顏色會比較自然。

C> 局部調整色調

1. 位於「放射狀濾鏡」工具
2. 取消「遮色片」勾選
   或是按下「Y」也可以
3. 作用中的覆蓋點
4. 色調「+38」偏紫
   橢圓範圍內的顏色很漂亮

放射狀濾鏡經常使用的快速鍵

反轉作用方向 (交換內部 / 外部) : X
開啟 / 關閉「遮色片」: Y
開啟 / 關閉「覆蓋」: V

D> 加強輪廓與層次

1. 單響「縮放顯示工具」
2. 離開局部工具回到面板中
   單響「基本」面板
3. 清晰度「+10」增強輪廓線

提醒兩件事

局部調整工具 (調整筆刷、漸層濾鏡、放射狀濾鏡) 編輯結束,可以單響「縮放顯示工具」回到面板模式。

清晰度控制色階「黑色」與「白色」兩個階層,調整時要盯著兩側的「超出色域記號」。

E> 設定圖片開啟方式

1. 單響「工作流程選項」
2. 勾選「銳利化」
3. 模式為「濾色」
4. 勾選「在 Photoshop 中
   依智慧型物件方式開啟」
5. 單響「確定」按鈕
6. 按鈕變更為「開啟物件」

預設按鈕是「開啟影像」

工具流程選項視窗中勾選「在 Photoshop
中依智慧型物件方式開啟」之後，就能以「開
啟物件」方式進入 Photoshop，只要設定
一次就好了，很方便喔！

F> 進入 Photoshop

1. 單響「開啟物件」按鈕
   立即結束 Camera Raw
2. 開啟 Photoshop CC 2018

Photoshop CC 2018

目前開啟的的 Photoshop 是「CC 2018」
同學也可以在 Photoshop 開啟後，透過工
表「說明 - 關於 Photoshop」功能，看看自
己目前使用的 Photoshop 版本。

G> 檢視畫面與圖層

1. 雙響「手形工具」
2. 以「顯示全頁」的方式
   檢視目前的圖片
3. 開啟「圖層」面板
4. 縮圖中的小圖示
   表示 Pic005 為智慧型物件

找不到「圖層」面板？

記得，在 Photoshop 可以在功能表「視窗」
中找到所有需要的面板，圖層也在「視窗」
功能表內，同學可以點開功能表看一下。

H> 套用濾鏡

1. 開啟「圖層」面板
2. 確認選取 Pic005 圖層
3. 單響「濾鏡」功能表
4. 單響「演算上色」選單
5. 執行「反光效果」

什麼是「智慧型物件」？

智慧型物件是 Photoshop 一種特殊圖層的
稱謂，智慧型物件能保留圖片原始資料，放
大、縮小的失真率很低，非常適合反覆修改
調整，也是攝影人最常用的圖層格式。

I > 加上光斑濾鏡

1. 開啟「反光效果」視窗
2. 拖曳十字線標示光源位置
3. 指定鏡頭類型
   為「50-300 釐米變焦」
4. 亮度「120」%
5. 單響「確定」按鈕

會不會太亮？

同學完全不用擔心「太亮」、「光源位置不好」、「鏡頭類型不理想」這種問題，因為我們目前的圖層是「智慧型物件」呀！

J > 反覆調整濾鏡參數

1. 新增的「智慧型濾鏡」
2. 雙響「反光效果」名稱
3. 重新開啟「反光效果」視窗
4. 拖曳十字線改變光源位置
5. 亮度「140」%
6. 單響「確定」按鈕

濾鏡套用在「智慧型物件」之外

如何！超方便的吧！同學可以透過這樣的方式，反覆修改濾鏡參數，也可以直接拖曳濾鏡名稱，到「垃圾桶」（紅圈）刪除濾鏡。

K > 返回 Camera Raw

1. 確認開啟「圖層」面板
2. 雙響 Pic005 圖層縮圖
3. 回到 Camera Raw 程式

圖層縮圖長的不一樣？

同學可以試著將指標移動到圖層縮圖上，單響右鍵，選擇「大型縮圖」，就能看到跟書本上一樣的縮圖狀態囉！

L > 變更色調與清晰度

1. 位於「基本」面板
2. 還是保持著原有的參數
3. 色調「+18」
   整張照片偏紫色
4. 清晰度「+22」
5. 單響「確定」按鈕

開啟物件保留與 Camera Raw 的連結

現在同學可以感受到「開啟物件」的好處了吧！隨時可以由 Photoshop 回到 Camera Raw 視窗中修改參數，非常有彈性呀！

M > 儲存為 TIF 格式

1. 回到 Photoshop 視窗中
   單響功能表「檔案」
2. 執行「另存新檔」指令
3. 輸入「檔案名稱」
4. 檔案類型「TIFF」
5. 儲存「圖層」
6. 單響「存檔」按鈕

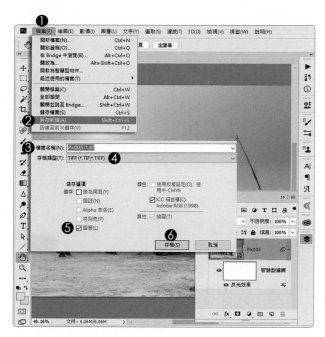

TIFF 與 PSD 格式都能保留圖層結構

為了方便日後可以重複編輯檔案，建議將檔
案存為可以保留圖層結構的 TIF 或 PSD 格式。

N > TIFF 選項

1. 顯示「TIFF 選項」視窗
2. 影像壓縮模式為
   無破壞性的「LZW」
3. 其餘的參數不用調整
4. 單響「確定」按鈕

儲存 JPG 與 PNG

沖洗照片或是印製相片書：JPG 格式
上傳到 Facebook：PNG 格式

▲ 單響檔案標籤上的「X」按鈕（紅圈）可以關閉目前的檔案

建立
個人版權

這年頭媒體平台多，資訊的傳送極為方便，需要什麼圖片，都能在網路上搜尋出來，過於便捷的方式，模糊了權力的界線，一句「引用自」就能打遍天下無敵手，唉！楊比比也不多說了，來看看怎麼在圖片上加註版權吧！

指令位置：Adobe Bridge 功能表「工具 - 建立中繼資料範本」

同學可以透過「建立中資料範本」視窗內的「IPTC Core」等等類別，輸入相對應的資訊，其中的「版權狀態」記得要選擇「受版權保護」，檔案名稱上才會加入「©」的版權標示。

必須設定的欄位

1. 輸入「範本名稱」
2. 製作程式：輸入作者
3. 電子郵件與網站
4. 版權狀態
   選擇「受版權保護」
5. 版權使用條款
   可以加註使用說明
6. 顯示變更的屬性數量
7. 單響「儲存」按鈕

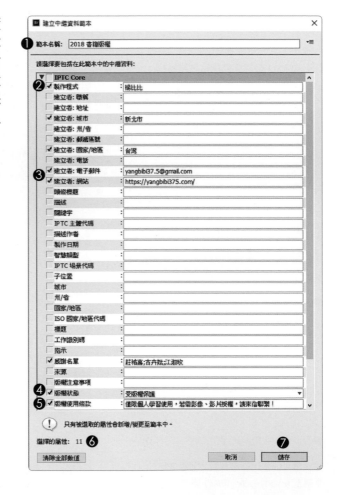

照片中
加入版權保護

版權資訊，在 Adobe 的系統中，稱為「中繼資料」；同學可以依據不同的輸出需求建立「多組中繼資料」，再透過 Adobe Bridge 這位 Adobe 的檔案總管，將具有版權資訊的「中繼資料」套用在需要的圖片中，來試試吧！

指令位置：Adobe Bridge 功能表「工具 - 加入中繼資料」

先選取檔案

1. Adobe Bridge 視窗中
2. 開啟要加入版權的檔案夾
3. 拖曳選取檔案縮圖

加入中繼資料

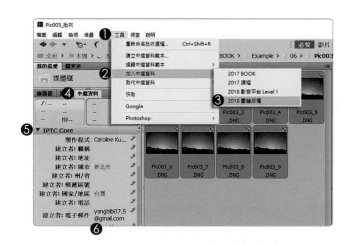

1. 單響功能表「工具」
2. 單響「加入中繼資料」
3. 選取中繼資料範本
4. 看一下「中繼資料」面板
5. IPTC Core 項目中
6. 顯示相關的版權資訊

中繼資料屬於「隱性」版權資訊，不會顯示在圖片上，只能透過檢視 EXIF 資訊時，才能看到；另一種「顯性」的版權資訊，就是直接寫在圖片上的「版權文字」，有時間再討論。謝謝同學選購楊比比的書籍，我們下次見囉！

完稿日期：2018.01.10　08：32pm

楊比比的 Camera Raw 攝影編修：
後製修片技巧獨家揭秘

作　　　者：楊比比
企劃編輯：王建賀
文字編輯：王雅雯
設計裝幀：張寶莉
發　行　人：廖文良

發　行　所：碁峰資訊股份有限公司
地　　　址：台北市南港區三重路 66 號 7 樓之 6
電　　　話：(02)2788-2408
傳　　　真：(02)8192-4433
網　　　站：www.gotop.com.tw
書　　　號：ACU077400
版　　　次：2018 年 02 月初版
建議售價：NT$390

國家圖書館出版品預行編目資料

楊比比的 Camera Raw 攝影編修：後製修片技巧獨家揭秘 / 楊比比著. -- 初版. -- 臺北市：碁峰資訊, 2018.02
　　面；　公分
　　ISBN 978-986-476-736-6(平裝)
　　1.數位影像處理　2.數位攝影
952.6　　　　　　　　　　　　　　　　107001722